U0396936

茶史漫话

神话时代
嬗变时代
滥觞时代
辉煌时代
精致时代
断层时代
简约时代
时尚时代
传播时代
博弈时代

俞　鸣◎著

图书在版编目(CIP)数据

茶史漫话 / 俞鸣著.—上海：上海古籍出版社，2015.11

ISBN 978-7-5325-7883-2

Ⅰ.①茶… Ⅱ.①俞… Ⅲ.①茶叶－文化史－中国Ⅳ.①TS971

中国版本图书馆CIP数据核字（2015）第267160号

责任编辑　闵　捷

技术编辑　隗婷婷

茶史漫话

俞　鸣著

上海世纪出版股份有限公司　出版发行
上海古籍出版社
（上海瑞金二路272号　邮政编码200020）
（1）网址：www.guji.com.cn
（2）E－mail：guji@guji.com.cn
（3）易文网网址：www.ewen.co

发行经销　新华书店上海发行所
制版印刷　上海丽佳制版印刷有限公司
开本　787×1092　1/32
印张　9.5　插页　4　字数　230,000
印数　1－5,300
版次　2015年11月第1版
　　　2015年11月第1次印刷
ISBN　978－7－5325－7883－2/G・931
定价　45.00元

前　言

俞　鸣

《三国演义》卷首词《临江仙》是自小熟记的，其中"古今多少事，都付笑谈中"一句尤其深刻于心。我崇尚罗贯中先生的这种举重若轻的写史态度，学着把中国几千年茶文化史也来"笑谈"一把，心想老小子曹操可以边煮酒，边开比较英雄讲座，不仅语出惊人，还伴之以雷电声光效果，把个刘备吓得面无人色。俺当然不具备这种英雄气势，但边煮茶，边开个不同于恳谈、座谈、清谈的"笑谈"会，清茶一杯，呼朋引类，不论英雄，单说茶，不求振聋发聩，但求把沉重的史籍付于笑谈，舒展一下目前茶文化论著的老学究脸孔，观点求同存异，谁也不吓着谁。这点大概还是能做到的吧。

论古今英雄要喝酒，可以壮胆；但论古今文化，则不能没有茶，更不能不说茶。中国的茶文化是整个中华文明宝库中的一笔重要财富，是中华民族得以延续、凝聚的一脉绵长根系，是分布在地球每一个角落的华夏子孙的同一种语言，也是中国与世界交往的一首国际歌。中国人最善于把最神圣的东西和最世俗的生活融合在一起，主要是因为中国人认可的神圣都是从食人间烟火的民间走来的，神圣和自己的区别只是偶像和肉身的区别，天天朝拜的偶像只不过是自己的榜样而已。所以，中国人敬茶，是因为中国人每天要喝茶，茶是开门七件事之一，是生活的必需品。中国的茶文化其实是一种体现生活内容品质而非是日本茶道那样注重外在表现形式的形而下的文化意识形态，佛经中所谓"色不异空，空不异色；色即是空，空即是色，受想行识，亦复如是"（波若波罗密多心经），把无有和有、无我和我视为同一物，就是对中国茶文化这一特征的最好注解。中国的茶文化是老百姓的大众文化，没有太多的规矩，百家争鸣，谁都可以参与、创造发挥，因此，谈中国茶文化也不必过于讲究，"笑谈"就是一种涵盖了猜想、演义、幽默、闲话等各种成分在内的谈古论今方式，也是拙作成书的初衷。有无达意，尚待读者评判。

我自1985年于华东师大研究生毕业后任新华社记者，身处杭州这块既是中国第一名茶——龙井茶的故乡，又是中国茶文化的发祥地，对中国茶业的发展一直关注，关注的结果是自己在若干年前下海直接投身于茶业，并给自己定位为终身职业。这方面的动力来自于我妻子陆慧萍女士的孜孜不倦的鼓励和无私奉献式的支持，事先就为我创造了很好的平台。在此向她表示深切的感谢。几年来，我和我的同事在茶文化方面，把唐宋元明清的茶制作方式、饮用方式开发出来呈现于今，又将茶文化延伸至整个茶产业，茶科研、生产、市场（中国国际绿茶拍卖交易中心）和国际贸易等相关项目均

——付诸实施。当今国际市场是一个博弈的沙场，中国茶，特别是中国绿茶，以资源、文化、科技和生意经论个顶个都是好汉，各占一座无名高地，整合起来所向披靡。但可惜是游击战的打法，人自为战，村自为战，所以好景不长。但中国人一旦警醒过来，像抗震救灾那样众志成城，中国就一定会强大起来，中国茶业就一定可以重操胜券。

借此机会也要感谢上海古籍出版社对我的青睐和支持，同时也感谢中国茶叶博物馆提供了部分图片资料。

目　录

第一讲

神话时代

神农氏是生活在五六千年前陕西宝鸡一带的农家子弟。中国人自称为炎黄子孙，炎帝就是神农氏，黄帝就是轩辕氏。至于后来他们怎样称帝，与本案无关，且按下不表。话说当年神农氏的母亲突然怀上龙种，到肚子大到掩不住的时候，逢人便说，那天她迷迷瞪瞪走到渭水边，想洗个头，擦擦身子，顺便挤挤自己脸上的青春痘。沐浴仪式开始之前，她采了条长长的柳枝，很浪漫地放在水里，看着柳枝的婀娜身姿随着水流扭晃，胸脯间鼓荡起一阵阵春意。不料这时河水变得通红，一个巨大的龙头喷吐着火球，龙眼和她瞬间四目交视，顿时她只觉得呼吸急促，浑身酥软，瘫倒在地。完了她又迷迷瞪瞪回到家里，结果发现怀上了这孩子。

实际上那时属母系社会没人会来听一个女人的这些胡话，也没人会过问她老公、孩子的父亲为何许人也。只要这个女人能生育，生出来孩子是健康的，部族里的全体女人都得祝福她、接受他、匹妇有责地养育他。倒是那条神龙的真身，要是知道这孩子日后能发达称帝，恐怕对当时没有问清那女人的姓名、住址而悔青了肠子。

十月怀胎，孩子便呱呱坠地。这孩子并没有头上长角、背上长刺的异象，倒是肚子有点和其他小孩不同，看上去肚皮薄如蝉翼，肚里乾坤如全息摄影般历历在目。要是神农生活在现在，小学生不用再上科普课文《一颗蚕豆的旅行》了，只要透过神农的肚皮，看看这个旅行的过程就全明白了。

神农被生下来，就随母姓姜。那时的人的姓，都是就地取材，抬头看见哪个自然标志物最醒目，就取什么姓。神农家在一条叫做姜水的河边住（那时的人大多临水而居），这是家周围最大的标志物，所以孩子就姓姜。小时候的名字叫伊耆，神农是后来宗祠牌位上的称呼。离姜水不远，有一条姬水，在那里差不多时间也诞生了一个小孩，也随河名姓姬，就是后来的黄帝，周王朝的老祖宗。顺便说一句，日本人的姓氏起源是从中国依样画葫芦过去的，住在河边的姓渡边，住在坟边的姓大冢，住在山里田边的姓山田、山本、龟田等等。

神农生活的那个时代，世界还是一个植物王国，所有人类和动物，都是这个王国里的客人。吃穿住行都取自于植物的人类，其社会关系是十分单纯的。男女都从事同样性质的劳动，即把植物或动物转化为吃穿住行，只不过根据男女之别，男人大都从事前道工序，如耕田、狩猎、筑屋、劈柴、收割等力气活，女人则从事后道工序，如煮饭、做菜、装修房屋、生火、织布、或像爱斯基摩人那样用牙来鞣皮，用骨针缝成裘皮大衣等比较有个性、有创意的活。也许那时候女人从事的工作，可以不像男人那样必须有组织有纪律才不至于受到野兽的伤害，她们可以比较充分地展示自己的个性和艺术天分，属于上层建筑的活，因此那个时代女人是上层建筑的主人。那时候的男人尽管是有组织的，但那仅局限于生产、狩猎。产品和猎物都是要上缴的。要糊弄住自己和那么多得罪不起的女人们和小孩子的嘴，工作压力、精神压力也是很大的。一天弄不到或弄不够吃的，自己饿肚子不说，还要强颜欢笑去讨好家里的女人，让她们揪着耳朵对她们发誓明天一定将功补过；让她们嘲笑自己不是个男人。然后他们一边听女人们数落：死鬼，脑子好好想想，没有了老娘你们吃什么，穿什么（她没想想前道工序），整天游手好闲、不思进取，看看人家部落的男人；一边憋着一肚子的委屈吃了点肉骨头稀饭（现在可算美食哦）了事。这等危险的工作，这样恶劣的心情，有口饱饭吃已是上上大吉，哪有心思去篡夺上层建筑的位置。那时候活上40多岁就算老男人了。老男人临死的时候都希望下辈子投胎做女人，免得劳累、受气，还短寿。

　　神农的伟大之处就是他开始给男人争了口气。随着岁月流逝，神农长大了。史书上说神农牛首人身，身高八尺七寸，龙颜大唇。这都是后人根据神农母亲的生育传说和后来神农的工作性质附会上去的，但至少也证明了一点，神农那个不知姓名的老爸智商和体格都是比较健全的，再加上"金风玉露一相逢，便胜却人间无数"，符合优生学要求。神农之所以成为中国第一农夫，也是环境逼出来的。当时男人们为了少受女人奚落，也为了强身健体养家糊口，组织起来搞技术革新，改进狩猎工具，于是产量大增，餐桌上餐餐见肉。结果自然引起了动物生态危机，地上跑的、天上飞的都吃完了，最后只剩下难看又难吃的乌鸦，便只好吃乌鸦炸酱面了（见鲁迅小说《奔月》）。这引起当时人们对生态保护的警觉，不用联合国向各部族打招呼，大家主动从其他方面去想辙。神农可能没有参加狩猎协会，而参加了农耕协会。他又肯动脑子，在提高粮食产量上下功夫搞科研。如果神农生活在现代，可能他就是袁隆平了。袁隆平是在有限的农田上通过对水稻进行基因改造提高水稻本身的产出量，而神农那个时代，地广人稀，只要通过改造生产工具和耕作方式，减轻劳动强度，提高劳动效率，扩大耕种面积就可以提高总产量。他发明了直到现在还在使用的农具耒耜（相当于现在的犁铧），适合于农作物的深耕细作。一年四季也不让农田闲着，稻米、麦子、高粱、大豆实行轮种套种。当然，这些都还属于技术层面上的。神农不仅智商发达，情商也远高于别人。由于他的技术发明，使集体的仓廪充裕起来，加上他天生海人不倦，毫无保留地把技术传授给别人和别的部落，口碑甚佳，弟子也很多，甚至有了一帮忠诚精干的保镖（主要成分是烈士遗孤），于是大家推选他当了农协主席。别把这个职位不当回事，那可是个实权，手里有调配物资的权利。他又倡导成立了农产品物资交易中心，把剩余的物资换成所需的其他产品，开发了中国最早的流通业。经济基础决定上层建筑，随着神农从一个单亲家庭少年成为江湖掌门人，从一个农夫成为农业专家，继而成为物资丰裕的大地主，继而入主上层建筑，成为人们的精神领袖，成为后世人们心目中半人半神的偶像，男性开始成为社会主流。从此，女人们在上层建筑里的议席越来越少，直到最后全部消失。女人们所从事的家政业地位也越来越低，最后落到连自己身体的产权使用权都要男人说了算的境地。

您别说，男人们还真应该感谢神农的这一不为人知的伟大历史贡献。

因为后来是神了，附会到神农身上的历史伟绩也就越来越多。这样弄得神农也很累，他非要活到140岁才能死，否则要成就那些个丰功伟绩，要跑遍祖国的山山水水去启蒙除昧、传播文明，时间怎么来得及。后人起码在他的有生之年上虚增了一百年。当然，男人的尊严、神的尊严都是辛辛苦苦干活攒来的。人们没让神农闲着当个甩手掌柜。不仅硬生生延长其寿命，还硬生生给他找了好几份兼职。他在农协那头还挂着职，江湖上的是非曲直还等着他开会决断，他却背上个小背篓，脚穿草履，形迹如行云流水，当上了中国第一个老中医。

不知是对植物学的天生爱好，还是因为他天生有个透明肚皮，反正后人认为他当中医最为合适。估计神农传说大行其道时（可能在汉朝），是中医之学刚刚兴起的年代。中医们成立了一个啥学会，苦于找不到赞助商出经费来支持其学术研究，政府也没把他们当回事，所以捧出个大家谁也未曾谋面的传说中的名人来制造一点名人效应，为中医正名。有名有分后，赞助商冲着神农的面子送钱上门来了。他们用这笔钱搞了一次海选，选出若干超级老中医，如华佗、扁鹊等，炒作得沸沸扬扬。中医术开始登上了大雅之堂。

那时候的中医可是个苦差事，既要从事望闻问切等脑力劳动，又要亲自上山下乡采集草药从事高危体力劳动。植物的长相都差不多，要分出哪株草是清肺的还是护肝的、是利尿的还是通便的、是解毒的还是中毒的，靠肉眼是不行的，只好用舌头去分辨，用肠胃去感受。而且草药大多是苦的，在苦里面还要分出成分不同的苦来。明知药苦，偏要吃苦，所以整个过程不仅口条（舌）受苦，肠胃受苦，精神上也苦。中国字里面那么多形容味觉的字，唯有"苦"是草字头的，唯有苦字可以通感于感官上的苦和精神上的苦，如吃苦、辛苦、艰苦、痛苦、穷苦、挖苦、苦难等等。

神农一旦摇身一变成了老中医，那么他的苦日子也就没有穷尽了。他每天要背着个药篓，走在乡间的小路上。但他觉得自己当中医的条件得天独厚。他的那个与众不同的肚皮开始显示出不同凡响的功能。他每天慢腾腾地走路，眼睛注意脚下，沿途每种草都要尝一遍，估摸着它有什么功能。神农比别人高出一筹的地方，就是他想到了物物相辅相克的辩证道理。如果把这些草药搅合在一起，会不会起到意想不到的作用？于是他把采集到的好几种药草嚼碎了咽下肚里，通过透明的肚皮看着它们混合在一起发生什么样的化学反应。有时候肚子里咕噜咕噜像火锅一样开锅了，就赶忙服点清凉草药止沸；有时候肚子里像遇上寒流一样结块了，赶紧用点化淤通气的药草化解。神农边盯着自己的肚皮边用孔雀毛笔记下了用药的剂量、反应过程、体会，大概可以治什么病等等，这就是后来的中医处方了。

说了半天，现在才开始进入正题了。老中医神农在尝百草的过程中，无意中发现了五十多个世纪后全世界三四十亿人口

◆ 神农像

每天不能离开的茶。根据一本野史上的记载，神农尝百草，经常吃到毒草，多的时候"日遇七十二毒"，估计活不成了，于是躺在一棵树下感慨一生，等待死神降临。迷迷糊糊中，树上滴下来的露水让他清醒过来。他扶着树站起身，用尽力气采下几片树叶放在嘴里嚼烂咽下。结果奇迹发生了，原来已经中毒发黑结块的肚皮里开始泛出绿色，凝结的块状开始消散，原先的痛苦症状很快就没有了。神农双膝一软，朝这棵树仰天长拜，感谢救命之恩。静下心来，摸出纸笔，好好总结一下。再尝一口，树叶很苦，但清凉解毒功效特强，神农自言自语道："发现一种好药。"但怎样命名呢。神农想到自己行医以来的苦处，加上树叶的苦，就取苦字的草头为部首，又想起刚才自己一人横躺在树下等死的情景，就拿一人横躺，差点与木同朽为字形吧，于是在笔记本上重重地写下一个"荼"字。这个字后来被人念来念去念成了茶（chá）音，到唐代时，喜欢务实的陆羽为了让茶少几个异型字，干脆拿掉一横，从而一笔定型为今天的茶字。

没想到后人写历史时一点不厚道。自让神农干上老中医后，还让他乐不思蜀，不肯回去当他的农协主席和江湖掌门人，让中医成了他的最终职业，也不管他该去哪里领工资，在哪里吃饭睡觉，身边有没有红颜知己等等。最后给他定了个死局，说他最后尝百草时误食"断肠草"而死，连茶也救不了他了。想必这是后人编野史编烦了，反正赞助费也到手了，饭辙也有了，名人效应也用足了，您老人家安歇去吧，于是把人家一脚踢开，笔下连个善终都不给人家。

第二讲

嬗变时代

神农死了。像新时代的英雄人物或劳动模范一样，他是死在自己的工作岗位上。他尝百草行医，是为人民利益而死的，他的死是比泰山还要重的。他的徒子徒孙们从各地赶来，参加他的追悼会。联合国征集了十万只鸽子，向世界各地发出讣告。农协、江湖各门派都赠送了花圈。男女老少痛哭流涕，一声声呼唤："神农啊，我们的领袖，我们的爷！你常年出差在外，没个音信，每天都盼你回来；你怎么什么都没交待就这样客死他乡了呢？！呜呜呜……"哭声惊天动地。神农则安祥地躺在百草丛中，透明的肚皮也黯然失色。这时候，神农的那些授业弟子，估计和耶稣门徒差不多就算12个吧，在神农遗体前集体下跪，三拜九叩后发出山盟海誓，一定要继承神农老先生的遗志，把先生没有尝过的草继续尝下去，哪怕肝肠寸断；一定要练就分辨香花毒草的本领，济世救民；一定要把毒草的克星——茶（当时叫荼）栽遍祖国大地，让它造福于民。追悼会结束后，全体三鞠躬，12个弟子悬壶背篓，袖里暗藏茶籽，按照事先约定的方向，各自坚定地向前走去。

如果历史真像后来老中医们编的那样，那么神农死后的情景就一定是这样的。

与其相信"茶之为饮，发乎神农"的陆羽之说，倒不如相信神农有这么一批弟子化身出n个神农弘扬了茶。神农毕其一生也没法徒步翻越秦岭、巴山，深入云贵，去采集当时那里也属稀有的原始茶种；想想耶稣是一个比神农更神的人，如果没有12个门徒以及后来n次方地扩大信徒队伍，如何能传播他的神功和教义。与其相信神农服了毒草后得茶而解的神话，倒不如相信是后来的中医们发现了茶的药用价值。因为茶为药饮是从西汉时代才开始的，其标志是应该作者为神农的《神农本草经》居然成书于西汉，就是后世这批借名人效应混饭吃的中医们杜撰的。但也可见那时的中医们个人知识产权意识和功名心都不像华佗以后的中医那么强，更遑论现在的有些视剽窃为己出的专家教授了。

从发现野生茶树到有目的地引种茶树并真正找到茶的药用价值，花了大约一千五百至两千年时间。在这段时间里，神农的12弟子发扬了愚公移山的精神去实现当时的承诺。他们把毕生总结出来的茶的种养加经验以及药用方子写成秘籍，老子死了传给儿子，儿子死了又传给孙子，子子孙孙是没

◆ 茶

有穷尽的。查遍史籍和遗留到今天的历史文学作品，也没能推翻这个结论。有人如获至宝地发现，在距今约三四千年的《诗经》中提到"茶"，并指认它就是茶。但专家证明，那是另一种苦草，而不是茶叶。专家如何知道？根据上下文意思衔接，英语中所谓context学研究出来的呗。

有记载的茶叶最早用来作药用的并不是治疗正儿八经的病，而是用作解酒药。差不多是到了汉朝后期。最早记载药茶方剂的是三国时期张揖所著的《广雅》。将茶叶捣烂后，和上点熟糯米为粘结剂，可直接服用。若饮，则先炙令赤，调成米糊状（羹状）服用，"其饮醒酒，令人不眠"。噫嘻，这时候我们发现了，茶尽管被后世人说成作为人类始祖五谷之神的造物，但在中国人永远与之一般见识的吃穿二字面前永远是黯然失色的。"开轩面场圃，把酒话桑麻。"这句诗最完整地勾勒出古代中国人的现实生活。一天劳作下来，几个男人聚在一起，喝点小酒，谈谈天气、今年的收成、丝呀麻呀黍呀稻呀猪呀羊呀鸡呀鸭呀今年能卖个什么价。酒过几巡，天色也黑了，头也有点沉了，别费灯油了，直接脱鞋、上炕。《诗经》里面，丝和麻（布）占的比例最大。市场上的硬通货是丝绸。其中有一篇叫《氓》的叙事诗，说一青年布商，一脸坏笑（氓之嗤嗤），拿着布换来的高级织品（抱布贸丝），骗取了纯情少女的贞操，带她上宾馆、吃西餐、吟风弄月，撩得姑娘从拒绝到半推半就到非他不嫁。不久，姑娘发现那个男人和别的女人一起厮混，回家还要给她脸色看，直到最后抛弃了她。姑娘万般悔恨，除了大骂"流氓"外别无它法。可见身份不明，专门骗取姑娘感情的流氓古已有之。这是高消费商品——丝惹下的祸。而酒，自从更远古的人们发现了从树上掉下来的烂水果和发了酵的粮食分泌出来的液体魔法般地具有让人一时忘乎所以，敢于冲动去做自己平时不敢做、想平时不敢想的事情后，酒的地位就青云直上。也许神农时代的男人们就是仗着酒的力量才不至于集体太监化。中国自从有了帝王之后，大概除了三皇五帝外（因为这些都已经是超人），一半以上的帝王都把自己毁在酒池或肉林（特指女人肉体）里，而且由于酒色的力量还让他们以为这是灵魂的升华，肉身的涅槃。

如此看来，后代老中医们把茶的发明专利权授给了神农，而茶的真正药用见诸史册要在近二十个世纪以后。这漫长的时代，茶干什么去了？就是成了酒肉的奴婢嘛。《广雅》里所说的那个茶药方子，当时是制成同仁堂那样的药丸子，用蜡封上，盖上金箔印，用铜盒盛着，放在帝王们的酒案一角。其功能是让帝王将相们因为兴奋或者忧伤快要喝醉胡闹时来上这么一颗。其用法是：将药丸腊层剥去，筷子夹着药丸直接在火上炙烤，然后和酒服下，和满肚子发酵正要往外冒的烂肉中和一下，好进入下一轮的拚搏。这是急救包用法。如果已经"现场直播"过了，则将其调成羹服下。小小茶叶丸子有如此功效，得到帝王和卫生部长的赏识，于是卫生部下发文件，这味方剂就从食准字号直接升格为药准字号。这时，茶叶本身或者和其他中药拼配在一起，可以调理肾功能的作用（间接壮阳功能）一定也被发掘了出来。同样地将它制成药丸，帝王们用后，觉得OK，于是进入了最难进入的后宫。

神农的使者不及耶稣使者成功的最薄弱点，就是没有把茶染上宗教的、文化的乃至商业的色彩，他们充其量也不过是帮老中医。科研成果没有舆论的支持、媒体的推广和一批痴迷受众的追捧，光靠神农的面子已经过时了，得有点新思路。有思路才有出路，老中医中有的利用自己宫廷御医的身份把茶叶终于送入了帝王们的视线，并让他们免费使用。果然茶的身价和知名度立刻提高，就像在央视春晚露过面的明星立马家喻户晓一样。可怜在这漫长岁月里，茶怎样地为自己的名分熬干了身子，最后几乎成了古董才抢手起来。

茶药，药茶，从汉朝时开始耀武扬威起来，及至魏晋达到鼎盛，和酒并驾齐驱。到了唐宋，茶叶像"旧时王谢堂前燕，飞入寻常百姓家"，茶叶就不再被视为贵族化的补药或美容品，而是"大宝天天见"，成了生活中开门七件事中的一分子了。这也是社会进步造成需求进步。

汉代以前的中原、荆楚、燕赵大地，一定是处处灯红酒绿、人欲横流的人间极乐世界。秦楼楚馆成了妓院的代称，而且大都由政府财政出资兴办。各国首都夜总会、小姐业十分发达。有使节来访，吃住都被安排在这种娱乐场所。跳槽的鸡鸣狗盗之徒也在这种场所出出入入，忽悠达官贵人，待价而沽。那时候两性观念的开放程度令我们这些现代人望其项背。经后代老夫子们铁笔一再筛选的，流传至今差不多已经是面目全非的《汉乐府诗》中对男女性爱的直露表白、大胆幻想和勇敢实践，只怕是如今的摩登青年男女们也要晕菜。还有谁能像宋玉那样落笔潇洒，不受任何人世间禁忌约束，把男女交欢的过程用自然界如此奇妙的巫山云雨、风云际会那种动人心魄的音频视频效果将其完美地表现出来。今天我们拿信天游VS汉乐府，用曹雪芹的警幻仙子和太虚幻境PK《高唐赋》，输赢结果毫无悬念。

大约人体荷尔蒙和肾上腺素每天被酒色这样强刺激着，那时的人们普遍得了器质性的疲劳症，每天的常委（肠胃）扩大会使得帝王和达官贵人某些身体机能处于严重亚健康状态。男人们都腆着个将军肚，严重影响到朝拜叩头上奏的仪态和节奏。极端的例子如董卓肚皮上的板油居然可以做成油灯长明不熄。这时，有权有钱有知识的人开始觉得健康长寿的重要，觉得在纷乱的时代环境中给自己的心灵寻求一条静虚的通道，摆脱肉体痛苦，营造精神乐园的重要性。而就在这时，西域吹来了佛家的风。

印度王子悉达多（后来的释迦牟尼）通过创立印度佛教完成了这一历程。他在菩提树下不吃不喝，苦思冥想着世界革命的问题。既然佛教能用来统治人的灵魂，统治一个国家，那么为什么不能用它来完成世界革命呢？那么革命道路该怎样走

◆ 释迦牟尼像

17

呢？他想，用暴力显然是不行的。对了，就从人们对自己那身皮囊的关注为切入口，然后触及灵魂，让人们从灵魂深处爆发革命，营造一个大同的和谐世界。然而，该由谁去忽悠这革命的理念呢？悉达多想到这里想不下去了，感到本世纪最缺的是人才。正巧，一些弟子趁着月黑风高给他送去印度飞饼，藏在蒲团下。释迦牟尼要面子，只能在四下无人时撕下飞饼一角，迅速飞入口中，然后用喃喃念佛声掩盖住咀嚼声。私下里，他认可给他送飞饼来的这些弟子为知己，死后把自己剩下的旧袈裟、几个破碗（衣钵）传给了他们，并授权给他们可以动用他的骨头作为印度人民的友好使者送给世界人民。当时这些弟子大概也是12个，其中还包括当年杀人如麻，后来放下屠刀，立地成佛的阿育王。阿育王也决定现身说法，为世界革命鞠躬尽瘁。他们确定的第一个革命根据地就是国情差不多的中国。当时的传经送宝不像现在，为了迎接佛祖的一个小指头骨要动用专机，国家首领、全国佛教徒倾巢而出，盛况空前，彼时送经之难和唐僧取经之难几乎相等。

　　传经送宝的志愿者被切分成几个牺牲小组。根据战争学的成活概率计算，送经到中国中原需要多少个牺牲小组，有作为掩护的、有作为佯攻的、有敢死队、侦查组、后勤组以及将来扎根下来的地下工作组。经过周密的计算，他们认为，由于语言和人员伤亡的原因，大概要用上百年的时间，中国人的意识形态才能被他们同化。世界革命的百年大计方可实现。他们一路上受到追查盘问，甚至追杀堵截，到其他城市宣传教义都不太顺利。经集结后他们到达古代东都洛阳，旅途还算顺利。

但要开始以此为据点向中国各地扩散时，发现人手已经成问题了。于是只好改变原来的方针，不急于求成，先在洛阳扎下根来，以在当地扩大教会队伍为计。他们没想到的是，洛阳城并不大，一下子来了那么多光头布衣、吃素不吃肉的老外，立马有探子报到皇帝那儿。当时的皇帝是东汉汉桓帝。这个昼夜为血脂、血糖、血压三高犯愁的皇帝已经到了病急乱投医的地步，听说这些和尚能治病，不妨叫来听听。谁知不听则已，一听了和尚们讲解的吃素与健康的关系，愈听愈新鲜，好像不是光管住自己的酒色之欲就够了，还得有吃素的世界观。该问题还涉及到自己的肉体死了以后魂归何处，关系到主宰人们命运的上帝对自己的看法，以后无数次到人间轮流值班他是否还给自己安排皇帝宝座的问题。当时的佛国使者一定是从皇帝的身体开始深入浅出、循循善诱来达到感化、争取皇帝就范认可佛教在中国注册的统战目的的。果然，皇帝听后一下子觉得茅塞顿开，胜读一辈子的书。顿时心血来潮，发出政府1号红头文件，确定佛教为国教；把以前老道之学的书除了《道德经》以外统统烧光（估计皇帝吃了道士们进奉的无法对症下药的金丹才出此狠招）；建立白马寺为佛教的传教基地、生活基地以及佛教徒的培训、教育基地。从此以后，中国的和尚成了一特殊的社会阶层，占遍了中国的名山大川。

幸好，在中国古代，几乎都是和尚们占山为王，才没有导致生态的进一步恶化。如果和尚们也像楼兰国、渤海国那样掠夺性地滥用生态资源，几千年下来，绿洲都变成了沙漠。今日的西北、华北恐怕早已被沙土覆盖，等着千年以后的考古学家再来发掘了。中国的南方早就是成片的荒山，旱灾、蝗灾、水灾以及各种无妄之灾都将轮番而至。衢州人食人的惨象将会经常发生。

随着佛教理念不断深入人心，人们看世界的眼光也变了。佛教把小的东西放大了看（好像牛眼），一草一木就是一个世界，小东西有大生命，皆与佛缘相互勾连，于最细微处见精神，去关爱生命，保护生命；佛教又把大的东西缩小了看（好像狗眼），讲四大皆空，空即是色，色即是空，越大的东西越不重要，越要小看它，越完美的东西越不存在。肉体重不重要？别把他当回事儿，死了以后归入尘土，是空的；日升月落，星转斗移，一切有恒，够完美了吧，别把他当回事儿，吃不了摸不着，也是空的。于是，和尚们和所有的善男信女们知道自己这辈子只是在和大自然搞关系，结的是更高层次的下辈子、下下辈子，直到不食人间烟火的佛缘。眼前这一食一饭来自大自然，就要对大自然好一点。

最早的寺庙，相当于慈善机构，和尚们在接受一部分社会捐助的情况下，要自己组织生产，自给自足，同时还要承担收容收养、救灾抗灾、看病救人等社会职能。

那么茶和佛又有什么关系呢？茶在很长一个历史阶段虽为药用，但所谓茶药、药茶时代只是茶和药不分彼此的时代。中国开始进入茶文明的时代是佛教开始盛行的时代，也是茶开始有了正史记载的时代。史料称中国最早人工种植茶树的东汉时代的甘露寺普慧禅师，毕其一生在四川蒙山上清峰种了7000株茶树。此茶即在后来茶排行榜保持千年冠军纪录的蒙顶茶。

大概由于当时和尚的身份特殊，一身袈裟就是旅游签证，佛教协会也像武林那样经常要组织一些华山论剑之类的学术交流、演讲比赛、经文歌咏比赛等等。反正和尚之间碰面机会是很多的。那时开会可能也像现在一样，除了开会，就是组织一次旅游，会后发一些价格不等的纪念品。估计在甘露寺开会，所发的纪念品就是茶树苗。大家把树苗背回去，照着说明书在自己的地方栽种。几次、几十次年会之后，茶树便播及了所有寺庙，种植面积不可小算。记住，那时候的茶还是被当作药的。

　　上述《广雅》的那个解酒药，被一些身患三高或便秘症的王公贵族喝了以后，觉得疗效显著。再加上此药被制成丸子，饮之前须先经烤炙，几经杀青，茶叶原有的生青草味已变成一股清香，几次喝过就会上瘾，干脆当饮料常喝吧。这是茶为药饮发展的一条线路。茶为药饮发展的第二条线是军事路线。三国时期诸葛亮为扩充后方根据地，不断发兵西南。西南瘴疠之地，官兵极易水土不服。据说诸葛亮就让士兵采茶煎水喝，克服了水土不服症。这只是个传说，史实是从汉朝开始，中国的边陲地区一直不太平，饱受异族侵扰之苦。"秦时明月汉时关，万里长征人未还。"边疆地区气候高寒、缺氧、干燥、食物又是牛羊肉等高热、高燥类为主，汉人很不适应，但有了茶以后，这个问题就迎刃而解。茶的补充维生素作用、清热解毒作用对镇守边关将士的健康起了关键作用。当敌方也认识到茶的重要性的时候，茶又被用作战略手段钳制或笼络敌方。西藏一直不曾脱离中华民族大家庭的原因，皇帝用和亲等政治手段固然起到了一定安邦作用，但西藏与祖国内地在佛教和茶方面的泪泪血缘是其不可分离的最重要因素。

茶为药饮的时代，实际上是茶和药不分彼此的时代，又是茶和野菜不分彼此的时代。就像番茄，你说它究竟是水果还是蔬菜？荠菜你说它是草还是菜？罂粟在人们不知道它是毒草之前绝对是世上最美丽的香花。随着茶应用范围开始广泛起来，药茶不分、草茶不分的时代也就随之终结了。目前尚无信史可查，但可大胆设想的是在茶、草、药不分的年代，一定经历了一个茶为羹饮的时代。当时的羹，就是现在的汤。有意思的是，在北方叫做汤的都要勾点芡，实际是羹；在南方叫做羹的才勾芡。推想羹汤合一一定源于中国北方。从羹字的结构推测，古时做汤的底料应该是牛羊肉，汤料则是蔬菜、野菜或者茶叶，荤素搭配，互相渗透，方构成美味。煮汤的过程，一般都是先煮水，再加料。汉乐府中有首诗《十五从军征》，所用字句基本都符合现代汉语语汇：

> 十五从军征，八十始得归。
>
> 道逢乡里人：家中有阿谁？
>
> 遥看是君家，松柏冢累累。
>
> 兔从狗窦入，雉从梁上飞。
>
> 中庭生旅谷，井上生旅葵。
>
> 舂谷持作饭，采葵持作羹。
>
> 羹饭一时熟，不知贻阿谁！
>
> 出门东向看，泪落沾我衣。

从中可以看出，什么样的野菜都可入汤，更不要说茶叶了。现在居住在西南的基诺族仍有凉拌茶叶这道菜，可见茶叶也能用来做菜。现在，只要你走进杭州百年老店楼外楼，最醒目的招牌菜就是龙井虾仁，选用上好活虾剥去虾壳，在低温油里炒至半透明，然后起锅，放上几片龙井茶鲜叶。说实在，这道名菜好看的百分比多于好吃。现在各地标榜茶餐厅开发的茶餐饮，总是形式多于内容，肉香多于茶香。还有就是红茶多于绿茶，殊不知，最早的茶餐饮绝对是"绿肥红瘦"。可能是鲜绿茶的那股生青味让人有点难以接受，也让人感到自己和牛羊处在同一食物链上，所以较难推广。其实人也应该知足了，现代科学发现，人类的基因只比猪多了两对，凭什么人有资格挑肥拣瘦。当然，从发展的观点看，古为今用，今为己用，也无可厚非。

从茶为药饮、茶为羹饮到后来茶开始被人品饮，乃至最后成为国饮，我们找不到明确的历史分野，可见药饮、羹饮、品饮三者相生但不相克。就像一棵大树，在树干刚露出头的时候，就决定了其树枝不同的发展方向，有干有枝，才蔚为参天大树。茶为什么发现了几千年才被正式利用？茶何时为药饮，何时为羹饮，何时为餐饮，又何时为品饮？确实无法排出时间顺序表，而量子力学中的测不准定律也启示我们这样做毫无必要，因为：越是时间确定的，事情就越不确定；越是事情确定的，时间就越不确定。最早茶是被当作药，最早的药大都是煎成汤药饮服的，而茶作为汤药又不那么难喝，尤其是杀青过以后香气扑鼻，具有品尝价值，你说这三者怎么分野，如何断代？不是历史学家无能，而是这世界不完全是用阿拉伯数字整合起来的。既然茶的历史踪迹可分为三枝，那么我们不妨各表一枝。

茶的药饮时代作为我们刚才比喻的大茶树枝干上最早发育的一枝继续沿着他的方向茁壮成长。公元992年，宋代朝廷大型方书《太平圣惠方》有药茶诸方一节，收药茶方剂8首；公元1078年，由宋代太医局编成的《和济局方》中也有药茶的专篇介绍，其中的"川芎茶调散"一方可称得上是较早出现的成品药茶。宋政和年间撰成的大型方书《圣济总录》中载有大量的民间经验方，也有应用药茶的经验。

1307年，元代《寿亲养老新书》中载有防治老年病的药茶方两首，一是槐茶方，二是苍耳茶。元代饮膳太医忽思慧在《饮膳正要》中较为集中地记载了各地多种药茶的制作、功效和主治等。

◆ 慈禧像

至明清时期，茶疗之风盛行，药茶的内容、应用范围和制作方法等不断被更新和充实，大量行之有效的药茶被广泛应用，如午时茶、天中茶、八仙茶、枸杞茶、五虎茶、慈禧珍珠茶、姜茶、莲花峰茶等等。药茶的适用范围几乎遍及内科、外科、儿科、妇科、五官科、皮肤科、骨伤科和养生保健等方面，药茶的剂型也由单一的汤剂发展为散剂、丸剂等多种剂型，使用方法也已多样化。从近年编撰出版的《慈禧光绪医方选议》中可以看出，药茶已成为清代宫廷医学的一个组成部分，清宫御医为慈禧和光绪所拟药茶体现了当时的较高水平。据书中记载，慈禧热病咳嗽时曾饮用清热止嗽代茶饮。此外，慈禧太后饮用的药茶还有生津代茶饮、滋胃和中代茶饮、清热理气代茶饮、清热化湿代茶饮、清热养阴代茶饮、清热代茶饮等；光绪皇帝曾经饮用的药茶则有安神代茶饮．利咽代茶饮、平胃代茶饮、和脾代茶饮和清肝聪耳代茶饮等。

现在我们在酒桌上经常抑酒扬茶，举杯时举的不是酒杯，而是茶杯，同声山呼"以茶代酒，天长地久"，以避免死要面子喝醉酒的尴尬。但与古代老中医相比，我们还是输了一招。这一招就是他们的"以药代茶"，你看，劝人喝药，不讲良药苦口，却说这是像喝茶一样的享受，在享受中治病。此招高，实在是高。现在你走进药店，还当是不留神走进了茶叶店，减肥茶、通便茶、熬夜茶、壮阳茶，凡是你能想到的，都可以借茶的名义探寻你的荷包。

与茶为药饮时代几乎同步发育的是茶为羹饮时代，也悄悄地向着它自己的方向延伸，可以说一直延伸到现代茶餐饮。从两汉到唐朝八百年时间，茶一直是加工成汤的。唐代人喝茶采用煎茶法，就是按照做汤的程序，先煮开水，然后在沸水里投入盐、生姜等，水再沸时，将碾碎的茶末投入水中。唐代已进入茶的大文明时代，出现了陆羽这样的茶圣，《茶经》这样的饮茶经典；完全进入茶的品饮时代，但用茶做菜做汤的老传统、老手法还是没变。而从唐代到现在，茶为羹饮的时代遗存不仅没有消亡，反倒进一步发展为现代意义上的茶为餐饮的时代。自上世纪90年代以来，食界开始流行茶食茶宴，这种美食新品种，既丰富了茶叶文化，也是茶叶饮用史上的变革。这些茶食茶宴品种很多，均用国内名茶烹制而成，比如绿茶沙拉、茶冻酿豆腐、龙井虾仁、祁门红茶鸡丁、茶香蒸鳕鱼、茶叶小笼包、乌龙炖牛肉、红茶熏鸡、茶香排骨等，还有茶粥、茶糕、茶冰激凌等茶点心，使中国菜与茶完美地融为一体，真可谓相得益彰。

再来看这第三枝：茶为品饮时代。导致茶为品饮时代出现大致有两大原因。其一是随着两汉时期茶的人工栽培获得成功并由佛教协会推广茶叶，饮茶之风开始在僧侣界流行起来。原来和尚们一天除了晨钟暮鼓下的功课和洒扫庭院以及轻度的田间劳作，休息的时间还是不少的。但和尚的休息是身体休而思想不能息，所以都采用坐姿或卧佛的姿势，微睁双目，强迫自己失眠而意在参禅悟道。和尚也是凡身肉胎之人，不到道行深厚是做不到这一点的。结果他们发现，茶具有提神、清心、明目的作用，一碗酽茶下肚，原来要用火柴棒撑起的眼皮开始不打架了，原来半醒半睡、时醒时睡造成的虚火上升、急火攻心、中焦阻塞、赤潮低烧现象居然不治自愈。于是乎，茶开始成了和尚们的新宠，僧侣界互相交流制茶、煮茶、饮茶方法，在交流中进一步提高了对茶的认识，印象派的和尚认为茶的嫩绿色是和平、环保的象征；有儒学功底的和尚认为茶的特性清淡适口，是中国人中庸德行的象征；主持仪仗的和尚认为喝茶的整个程序很高雅庄重，应该制定礼法，扬我礼仪之邦之美名；因为所有和尚都必须戒酒，所以所有和尚都发出酸葡萄宣言：酒为水中之小人，茶为水中之君子。我们一定要近君子远小人。要知道当时的佛教已成为"国教"，当时的僧侣是世人行为和语言的楷模，当时全国的庙产占到国有资产的百分之七八十。和尚尼姑一声吼，地球也要抖三抖。由于佛教的号召力和网络化优势，加上茶的药名和食名早已深入人心，茶为品饮在全国轻而易举就形成了潮流。而在这时，茶地大部分是庙产，全国的银子也就像流水般地流进寺庙。财大气粗的和尚们躺在银子上安心研究茶的多样品种、精美绝伦的茶具、吸引眼球的茶道茶艺直到茶作为佛门礼遇远播海外。

其二，茶的制作解决了茶的口味问题，促进了茶为品饮时代的来临。

茶为品饮时代必须解决的技术难题是去除茶的生青味和苦涩味。这在茶为药饮和茶为羹饮时代可能偶然有所解决，但没有得到鉴定和推广。三国时，魏朝已出现了简单的茶叶加工，即将采来的叶子先做成饼，晒干或烘干，这是制茶工艺的萌芽。但这饼茶仍有很浓的青草味，经反复实践，发明了蒸青制茶。即将茶的鲜叶蒸后碎制，饼茶穿孔，贯串烘干，去其青气。但这饼茶又有苦涩味，于是又通过洗涤鲜叶、蒸青压榨，去汁制饼，使茶叶苦涩味大大降低。直到唐朝，这一问题才彻底解决，那要经过蒸茶、解块、捣茶、装模、拍压、出模、列茶、晾干、穿孔、烘焙、成穿、封茶12道工序。

　　把茶叶制成团饼是有利于贯穿烘烤，而用烘烤去除生青和苦涩味是一项了不得的技术成果。直到现在，龙井茶等绿茶还是用这个方法杀青。

　　这一技术，一定是受到道教炼丹术的启发。

　　道教是中国土生土长的民间宗教，供奉的是一帮身怀各种不同阴阳法术来帮助人们趋利避害的人间神仙。尽管尊者为玉皇大帝，但论本事他好像没有特别拿得出手的，论组织才能也因为缺少威信而只能在仲裁中采取和稀泥的办法，天庭的威势还不如一个县衙门。众神于是各自为政，谁也不听谁的，而

◆ 八仙过海（戴敦邦绘）

28

且铁路警察，各管一段，是灶神管的事情，门神决不插手；你地藏王收容的鬼再多，整天要财政增加人头补贴，我财神爷也不会拿出一个子儿来。只有几个白相人为寻开心，组成八人团伙（八仙），有的使扇，有的吹笛，有的挂根拐棍，有的倒骑毛驴，有的破衣烂衫，有的衣冠楚楚，有的丑八怪，有的小白脸，反正一群嬉皮士的样子，混迹人间；时而干点恶作剧的事，时而匡扶正义，见义勇为，倒是什么事都不拉下。与其他教会不同的是，这些神仙没一个是皱着眉头或者是一副受难相。他们整天乐呵呵的，除恶扬善用的也是教育为主、寓教于乐的方式。他们统一的特点是长生不老，年画里的老寿星白须白眉皆有尺把长，依然是鹤发童颜，慈眉善目，病魔不犯，百毒不侵。这才是中国老百姓的宗教：实用、乐观、豁达、宽容。无论在哪里，遇到什么困难，都可以向组织申告，组织无处不在，吃喝拉撒睡、桌椅板凳柜、生老病死退诸般事情都由神仙替你管着呢。通往长生不老的路也不像佛教那么复杂，顶多吃点素，但绝对不戒女色，女色有滋阴补气的作用；也不用天天撞钟念佛，道家经典都是算命看相、风水八卦、化学炼丹等实用技术，学来养家糊口绝无问题。

各位看官，佛教进入中国前，中国是儒、道两家的天下。几百名道士曾经举行示威游行抗议佛教侵入中国，甚至还采取了一些不正大光明的手段暗算外国和尚。但不管怎样，在中国还是天子为大，儒释道三家没有经过任何宗教战争，相安无事地在中国大地上并肩生存、发展甚至互相影响、渗透着。道济和尚（济公）就是集佛道两家于一身的典型人物。

如果说，是佛教开了茶为品饮先河，那么，对茶的制作和茶在百姓中的流行，道家一定起了关键性作用。虽然没有任何史证表明茶的制作方法来源于道家，但我们可以大胆猜想。

炼丹术是道家绝活，炼丹术士都是化学家，不管是物理化学还是生物化学，秘籍就是对反应温度（火候）的掌握。晋代葛洪在《抱朴子》中对火法有所记载，火法大致包括：煅（长时间高温加热）、炼（干燥物质的加热）、炙（局部烘烤）、熔（熔化）、抽（蒸馏）、飞（又叫升，就是升华）、优（加热使物质变性）。茶饼的制作至少用上了其中的炙、抽、飞三种火法，相对应的就是蒸茶、烘焙，最后去除生青味，提拔出茶的清香。

只要道家接受了茶，并介入茶业发展的过程，那么茶最后走到茶为国饮，成为中国千家万户的老百姓开门七件事之一，首功当推道家。

当年道家协会雅俗两个委员会坐下共同商议《中国茶的时局及我们的方针》，雅派委员们认为，道家所崇尚的老庄清静无为、与世无争理念和茶的清淡敬和的特性颇为吻合；此外，肉食者鄙，饮酒者狂，唯饮茶者雅，符合道家行为规范；再者，喝茶者长寿，和道家所追求的长生不老进而得道成仙的人生追求高度一致。还有更重要的政治意义，饮茶之习源于佛家，本来凡是敌人反对的我们就要拥护，凡是敌人拥护的我们就要反对，道家应该不喝茶的，但事实证明茶是个好东西，我们也喜欢茶，更何况制茶技术又掌握在我们手里，倒不如以茶为媒，与佛教协会搞好关系，维护安定团结的大好局面。雅派委员的

◆ 《济公图》（清王震绘）

观点引来与会人员噼里啪啦好一阵掌声；俗派委员们在发言中认为，既然茶是有利于健康长寿、有利于国计民生的好东西，我们义不容辞完成使命并且完全有条件、有能力利用我们在广大群众中的威信进行推广。同时指令仙界总动员，动员五谷神接受茶，在全国范围内广种博收；责成门神开门迎茶，灶神起锅烘茶。对内借此机会打破各路神仙老死不相往来的管理死局，各路神仙需协同配合；对外可以走在佛教前面，在茶为品饮的基础上更上一层楼，开创茶为国饮的新局面。最后形成决议，所有与会委员将手中尘拂高高扬起，造成一片白色波浪，一致表决通过。

　　根据决议要求，一场以茶为国饮为口号的新生活运动在全国群众中轰轰烈烈地掀起。

第三讲

滥觞时代

在中国历史上，大概每隔三百年就要出现一次社会的大动乱、国家的大分裂，又经过一二百年的你吃了我，我吃了你的战乱，大约到了五百年左右，又统一在一个新的更强盛的朝阳帝国旗下。孟子说：五百年必有王者兴，再强盛的王朝在中国历史上也只有不到五百年的寿数，社会治、乱、盛、衰亦是五百年一个轮回。翻开编年史，发现孟夫子果然功夫了得。夏王朝，始于禹，亡于桀，历时五百年；商王朝，始于汤，亡于纣，历时五百年；西周王朝，始于孔子的偶像武王，败在烽火戏诸侯的幽王。东迁后的所谓东周不过是个道具而已，诸侯早就开始各自为政，史称春秋时代。两者相加历时也差不多五百年。后来三百年还能算东周吗？连东周王自己也不敢认了。秦始皇、汉高祖、汉武帝都可以并列为一代天骄，五百年一遇的王者。但秦汉两朝加起来也不过三四百年的好日子，东汉三国以后直到魏晋的二百多年时间是世无英雄，流氓群殴的时代。继它之后，又有五百年一遇一个英雄朝代和一个王者问世，那就是大唐帝国和唐太宗李世民。唐朝由盛而衰历时三百年后，又有宋朝王者兴。两宋二百多年有一半时间在打仗，最后由成吉思汗打破了中华民族大家庭的积弱，铁骑驰骋欧亚大陆，为中华成就了欧亚大帝国的梦想。后来，明朝三百年，清朝三百年，涌现出像朱元璋、朱棣、努尔哈赤、康熙、乾隆这些堪称历史英雄的王者，但更多地是以历史功绩，而不是以五百年轮回来给他们排定座次了。

孟轲先生不知是有天线通外星还是有地线达地宫，四千年的帝王你方唱罢我登场的周转轮回居然给他算得个八九不离十。他的身份可以随时见到君主，随时摆出一副好为人师的样子给他们上课洗脑，张三国王你不要出兵，李四国王你应该免税，王老五国王你只能娶A国公主而不能娶B国公主，马老六国王你……该干什么干什么去，好像他是导演，帝王们都是他选来的角色。他编好剧本，给演员涂上各种脸谱，喊着：灯光！乐队！DJ！摄像！一切都ok以后，大幕拉开，孟先生手舞教鞭，谁上场谁下场全由他一人说了算。终有一天，有些演员罢工了，有些在听他讲剧本时顾左右而言他，有些干脆称病给他吃闭门羹，他又不能给他们找替身，虽然没人直接轰他走，但实质上他也和孔子一样成了丧家之犬。他的预言虽然屡被应验，但历朝历代那条通往霸业的咸阳道上，依然是熙熙攘攘。中国人死都不怕，还怕将来身败名裂吗？

每当王者兴的时候，中国的国土就统于一，王者就尊于一，思想就定于一，人民就团结如一。而每当乱世来临，必伴随山河破碎，群雄称霸，刀光戟影，人心离散。据说动物界就是这样的法则，食草动物多的时候，要靠食肉动物杀伐一定数量的食草动物才能维持生态平衡。中国的文化是草文化，培育

◆ 孟子像

出一大批只能消化草，不能消化肉的草民。但草文化却从未被其他文化征服过，这有赖于草文化的两大特性，一是柔，以柔克刚，无刚不克；二是韧，生命力顽强，野火烧不尽，春风吹又生。柔能克刚，也能造刚，古代史上十次战争，有九次是男人身上那两样无骨柔软之物挑起的。总之，中华民族的延续就是以下西洋景，循环往复，屡试不爽：每隔三四百年，王朝老矣。西北大漠、苍莽草原、白山黑水上吃着动物肉、喝着动物血、穿着动物皮长大的骑士们，血管贲张，万乘铁骑直取中原汉地，来给它输入新鲜血液，越是充满虎狼兽性的血，汉民族的下一次振兴就越是大气。然而，草的繁殖速度比食肉动物的繁殖速度何止快千万倍，食草动物、草民、草文化的生存空间比食肉动物多了去了。它们的柔劲、韧劲、黏糊劲、嗲劲、骚劲都是浑身只有肌肉劲而缺少心劲的少数民族骑士们闻所未闻的。于是，他们闻香下马，知味停车，先是肌肉放松，接着是警惕放松，最后是骨头放松，换下的骑射胡服再也穿不回去，结果是同化在了这草民、草文化营造的富贵乡，温柔地。再过三四百年，他们将被下一茬来自北方的狼替代。

各位看官不知有没有发现，中国历史上很多王朝由盛及衰，都是首都东迁惹的祸。首都是首善之区，国运国脉之所系，祖坟祖庙之所在，哪能轻易动得。不管是皇帝烧得自己想动还是迫不得已不能不动，反正不动则已，一动就出问题。一个国家的首都是政治经济文化中心，同时也是宫廷、权贵、党派、个人争权夺位、追名逐利的沙场。中国的帝都，西都大多以西安为轴心，东都大多以郑州为轴心。帝国强盛时，东都只是皇家休闲度假之都，帝国衰弱时，东都就是是非之地、铁血杀伐之地，王朝终结之地。中国的地势是西高东低，西都东迁的过程，就是该王朝走下坡路的过程。东去者亡，这好像是历史留下的谶语。从西周到东周，从西汉到东汉，从西晋到东晋，历史如日月星辰般运行有常。

而如果从南北来分割中国的历史版图，和西都东迁的现象还是有相当大的区别的。因为中国地理上的天堑大都为东西走向。不仅所有的大山山脉（除横断山脉）都是东西走向，而且所有的大河也都是东西走向，这种地理形势，很容易形成两个王朝南北并存，两只老虎隔岸对峙的局面。这是强强面对，其终结方式就像两个对弈的棋手或者旗鼓相当的武林高手，耐心地等待对方露出破绽，然后及时亮剑，令其毙命。对照之下可以看出，西都东迁，自己找死；南北对峙，智勇者胜。

西周迁都东周，其经济实力只相当于一个地级市，列国还要向它收保护费，否则就砸它的场子。周天子脚下的九只大鼎，哪路诸侯都可以来搬，只要支付足够的搬运费。春秋无义战。列国

◆ 项羽像

诸侯在周天子的眼皮底下打来打去，只把他当个观众，动不动还要被劫持为人质，作为向敌对国讨价还价的砝码；时常还要受到撕票的威胁，弄得周天子觉得生不如死。东周几十代天子和国号一同苟活下来，原以为处境有朝一日会得到改善，没想到命运不济。诸侯们打了几百年，眼看着只剩下七国了，原来僧多粥薄，现在总可以吃上几碗干饭了吧。哪晓得七国首脑缓过劲来集体修理他，不仅谁也没把它当头蒜，反而把它的饭碗全端了。因为他们再也不需要周的旗号了，他们宣布世界进入战国时代，第一次世界大战打响了。胜者为王。最后，秦国的狼牙旗插遍了六国总统府，中国第一个四海一统的王朝宣告诞生。

经过楚霸王项羽和汉高祖刘邦持续四年的霸主之争，最后于垓下一役结束了项羽的霸主梦。刘邦出身平民，身为小吏，在陈胜吴广农民起义军中混事期间，接近并了解社会底层，知道填饱肚子是现实的，这个社会像他这样的人生存空间有限，只有爱拼才会赢。日后能成帝王，他的性格双重性是很明显的：心眼多但肚量大，本事小但胆子壮，假义气而真无情，不固执而善变通。项羽也有他的双重性，但像镜中刘邦一样刚好相反。刘邦正是看到了镜中的自己才找准了致项羽于死地的七寸：小心眼、猜忌、个人英雄主义、光明磊落、江湖义气、死要面子、小资情调等。没办法，时代需要像他这样的平民英雄。

西汉王朝的继承者中青出于蓝而胜于蓝者甚多，文景之治，强盛了汉朝国力，汉武帝更是以文武两道摆平了与匈奴和其他边陲民族地区的关系，开拓出最为广大的中国疆土，使当时的中国成为万国敬仰的世界首善。

西汉经过二百年的强盛，最终也大江东去。表面上看，是王莽这样的没有皇帝血缘的小人篡政和绿林好汉等的匪事频仍而导致汉皇家正宗嫡系刘秀被拥称帝于洛阳，名为东汉，实际上是汉朝气数尽矣。看整个东汉，袁绍谋变、董卓专权、献帝被掳，直到魏蜀吴三国鼎立，走了二百年由西到东的下坡路，最后，那个上了诸葛亮空城计当的司马懿和他的儿子司马昭把窝囊气都撒在曹操后代的身上，从内部灭了曹魏，建立了由司马炎称帝的西晋王朝。

与过去东西都有所不同的是。西晋建都于洛阳，东晋只好顺坡更往东走，建都于南京（建康），不知是因为司马家族作恶太多遭天遣，还是因为酒喝太多的缘故（三国时期葡萄酒上市，受人热捧），反正司马家族里出了好几任弱智皇帝。本来两个巴掌都拍不到一起的弱智儿童，就别来公众场合丢人现眼了。可皇儿们中智力尚健全的不是自家人打群架打死（八王之乱），就是病死或忧郁而死，只有这些个傻哥们啥事不会干，只好留着当皇帝。无独有偶的怪事是，中国历史上丑的、坏的皇后娘们也都在那时扎到一堆儿，把后宫前廷闹得鸡飞狗跳。反正傻帽皇帝多，不由着她们又能怎样。女人当政和当家一样，好处先顾着娘家，用人不是面首就是娘家人，中国第一支成气候的外戚集团军宣告成立。朝纲废弛：家事凌驾国事，国库变成家财，后宫操纵前廷，裙带指挥皮带（军人）。同时，西晋落后的士族世袭分封制造出大批腐败分子。他们大都出身旧军阀，世袭军衔。家中富可敌国，本来可以在朝廷贵夫人的沙龙里高谈阔论，上演一出中国版的渥伦茨基和安娜卡列尼娜式的爱情悲剧。可惜当时后宫里除了贾南风（弱智皇帝司马衷的老婆）这样让人看了就想吐的丑婆娘外，没有其他乐子好找。军人是不必理睬她的，所以，在外面自己玩斗鸡斗狗斗虫，都腻了干脆斗富。斗富不像斗鸡斗狗，输了可以再来，这富豪排行榜上的排名可是硬道理，关系到自己家族的荣誉，有人输了脸上就挂不住了，干脆斗武，开战了。仅仅五十二年，西晋政权就葬送在上面那些弱智皇帝、丑八婆和混世魔王手里。西晋末帝司马邺落到端着讨饭碗向匈奴人刘曜部队屈膝的地步。

国不可一日无君。司马家族赶紧推出司马睿（当时驻守南京的琅玡王）在南京称帝。然而，这样的国还不如永远无君。两晋称得上是西毒东邪，西晋像是中了千年蛊毒，白痴辈出、恶妇当道、竖子横行；东晋更其邪乎，仿佛是东周的克隆版，各路军阀表面上好像还在为排行榜斗武、武斗，心里可都另有打算：司马你这小样的当初还不是和老子一个壶里尿尿的，都是师级干部，凭什么呀你当皇帝，不就是因为你顶着个司马的姓吗？论真本事你敢和老子牛逼吗？再说老子的兵马粮草又不比你的少，谁怕谁呀！不信，老子也弄块地盘，弄个皇帝当当。司马睿好像还真听到了他们的咒骂，吓得好长一段时间只敢称王，不敢称帝。军人的作风历来是敢作敢为，老子才不管你是王还是帝，老子整块地盘先过了皇帝瘾再说。整个东晋王朝，已经是一个不设防、全开放的国度。100年间，居然有五胡十六国并存。如果再加上后来一百五十年的南朝的宋齐梁陈以及北魏、北齐、北周，幕启幕落比快板书还要快捷，政权更迭比走马灯还要利索。

　　如上所述，中国历史更迭规律是，三四百年一乱，五百年必有王者锁定乾坤，达到大治。乱，并非坏事，体现了一种鲶鱼效应；治，亦并非好事，反映出草文化的麻醉效应。魏晋南北朝，正像英国作家狄更斯《双城记》所描述的那样：是最好的年代，也是最坏的年代；是智慧的年代，也是愚昧的年代；是黑暗的年代，也是曙光初露的年代。正因为帝祚国运患了衰竭症，国家之大防、意识形态之大防、文化之大防已经荡然无存；各民族交往自由，南北文化出现大融合。释迦牟尼的世界革命在中国取得正果。当所有的偶像都被打碎后，佛道成为人们的精神依托，在那个年代大行其道。"南朝四百八十寺。"草文化则用它的柔韧双劲绊住了所有挺进中原的少数民族的马脚，不仅同化了他们的意识形态，连姓名都被汉化了。文学和艺术由于不同血液的融合、杂交，达到了前所未有的高峰。

　　说了那么多历史话题，咱们得言归正传，落实到开宗明义的茶字上来。历史走到魏晋南北朝，什么样的花都开过了，都有结果了。所以，可以大致归纳一下两极生活当中的中国人，尤其是中产以上知识分子的心理归向和处世哲学：乱世思独善其身，盛世思兼济天下。三国时代虽说乱世，但那是个英雄辈出，相与争锋的时代，那时代造就的建安文章风骨犹存。魏晋这个乱世则是各路军阀争抢地盘，比谁残暴、谁狡诈，士族百姓噤若寒蝉，时代造就的文化，不是清谈，就是放浪；不是归隐田园，就是寄情山水。所谓魏晋风度就是避世态度。

　　由于佛道盛行，和佛道两家亲密结缘的茶也在那时随着茶

◆ 竹林七贤（傅抱石绘）

品种增多，制茶技术发展而风行起来。当今中国第一名茶——龙井茶就是山水诗人谢灵运从天台国清寺茶园里面采撷茶苗，引种到杭州灵隐寺的。士族阶层尽管避世态度相同，但形式不同，以竹林七贤为代表的放浪一派仍不改初衷，耽溺于酒，而以绍兴兰亭聚会为代表的清谈一派开始钟情于茶，曲水流觞，流过的很可能是茶。只要文人开始和茶结缘，茶就被注入了文化内涵，中国茶文化便由此滥觞。

"竹林七贤"指的是晋代七位名士：阮籍、嵇康、山涛、刘伶、阮咸、向秀和王戎。他们放旷不羁，常于竹林下酣歌纵酒。其中最为著名的酒徒是刘伶。他经常随身带着一个酒壶，乘着鹿车，走到哪儿喝到哪儿。另叫一名随从拿着铁锹跟在身后，告诉他：我若喝死了，就地把我埋了，衣服裤子你们剥去都没关系，但别忘了酒壶给我陪葬。阮咸饮酒更是无厘头。他喝酒从不用碗盏，而以大脚盆盛酒，用手捧酒喝。猪群来凑热闹，阮咸不但不赶，还与猪共饮。喝得烂醉，一可解心头之郁闷，二可借醉避祸消灾。司马昭要阮籍女儿许配给自己儿子做老婆。阮籍想起一句俗话：司马昭之心，路人皆知。吓出一身冷汗。人微言轻，欲拒不能，只好连续六十天把自己喝成一摊稀泥，司马昭没法和他商量婚庆之事，尽管心知肚明，但也只好作罢。那个社会确实人妖颠倒，喝醉了不碍事，脑袋清醒说几句话就要脑袋搬家。嵇康就是这样。他是个美男子，不仅学问好，还是个作曲家，平时喝点酒来上一段自娱自乐。他的业余爱好是打铁，既可补贴家用，又练就一副运动健美身材，十分招人艳羡，只是酒喝得不够多就话多，而且嫉恶如仇。有在朝里做官的故旧登门造访，嵇康采取的态度是不卑不亢把人家冷落得下不来台。老朋友举荐他出山做官，他要婉言谢绝也罢了，偏是个打铁匠的臭脾气，立马修书一封与之绝交。得罪的人多了，背后整他的人也多。他被诬告为无照经营，且违反武器管理法，坐下个杀头之罪。据说临刑那天，他的学生上千人前往送行，在那时可算是五四运动的规模了。说不定有人密约劫法场，但被嵇康一番谭嗣同式的慷慨陈词打发回去了。嵇康还要来个"法场秀"呢。他坐在断头台前，长发披肩，弹起心爱的土琵琶，演奏了一曲《广陵散》。听者只觉树枝摇曳，天旋地转，随之山陵崩塌。曲终，嵇康将琴抛向空中，仰天长啸，遂引颈就戮。绝世之作《广陵散》也随着嵇康的魂灵在刀起头落的刹那间从颅腔里飞出，悠悠升空而去，再也没有回到人间，惜哉！嵇康是七贤中绝无仅有，也是其当代少有的有男儿血性的酒徒。

可惜的是，饮茶之徒中，嵇康这样的例子只是"绝无"，而无"仅有"。魏晋时代的茶人队伍已经从佛老之徒扩大到了整个知识分子阶层。他们高兴地唱起了陕北民歌"茶树树（那个）开花呦白胖胖，咱们的队伍势力壮"。在新发展的这支队伍中，也兵分两路，一路是归隐派，一路是清谈派。他们是茶的最大消费者，也是他们把茶从植物、中药乃至羹汤料的意义上解放出来，给茶插上文化的翅膀，飞向更远更高的领域。

两晋时期，有不少知识分子既不入佛道之门，又不走仕宦之途，乱世中，选择了一条归隐山林田园的中间道路。陶渊明率先辞职，但没下海，直接到农村过起了简约生活。工业社

◆ 渊明醉归图（明张鹏绘）

会也有人选择了这条道路，那就是美国的梭罗在华尔腾湖边小木屋里的简约生活。他是个体验派文人，每天劳作之余，并没忘记把自己感想都写成日记。其初衷只是赚取稿费，没想到成为一百多年后连睡觉都电动化了的美国人的生活时尚。而一千六百多年前陶渊明的简约生活，也逐渐成为当今许多中国白领、金领的生活追求，只不过是叶公好龙者居多，像美国人那样说干就干的只是凤毛麟角。

这里有个历史悬案，陶渊明归隐田园的理由是不为五斗米折腰。他的最高职务只当到县令，相当于处级。会不会是他自恃才高，觉得五斗米的薪水实在对不住他的满腹经纶和远大志向，所以还不如暂时退隐江湖，蓄势待发？天机不可泄露，且看以下分解。陶渊明上山下乡去了，尽管他称之为回归自然，一边唱着"归去来兮，田园将芜胡不归"，一边在后悔，"刑天舞干戚，猛志固常在"，我实在是怀才不遇，面子挂不住才出此下策的呀。要是当时有个十斗米、十五斗米的局级干部当当，我怎会推辞。再说大隐隐于市，小隐隐于野，现在倒好，一言既出隐退了也不过是个小隐，丢人那丢人！到了农村基地，乡下的亲戚都来迎接他，他推说累了，早早就歇息了。此后，也不出工，出工了也不出力。猴年马月过去了，谁也没来光顾过他的茅舍，也没人半顾茅庐请他出山。昔日陶令有点绝望了。他知道，再过一段时间，他吃现成饭的日子也要到头了，因为囊中已经有点羞涩。于是，只好荷把锄头在肩上，牧归的老牛做同伴。朝朝暮暮，年复一年，陶渊明突然像修佛修到顿悟一样，发现这种生活境界的非凡之处，没有尘世喧嚣，没有尔虞我诈，没有人事牵累，没有失眠，没有疾病，享受自己的劳动成果其乐无穷。桑麻农事也有深奥学问，于是他学会了观风测云，识土辨苗，水平至少可以拿到农业技术员证书。在农村的生活是艰辛的，但他既已顿悟的灵魂全然超越了肉体的劳累和痛苦，他体验着、想象着进而挥笔描绘着一种"采菊东篱下，悠然见南山"的闲适生活，一番"实迷途其未远，觉今是而昨非"的真心感悟，一个人们"不知有汉，何论魏晋"的无忧无虑的世外桃源。榜样的力量是无穷的，陶渊明的生活实践，给许多已经消极得无处逃遁的知识分子指出了一条比较中庸的归途，身心两方面都较易于接受。其当代如谢灵运等山水诗派者，其后代如黄公望者，几乎所有因各种原因退隐江湖者无不以陶令为其先师。

归隐派，也就是隐士队伍的在线，无意中使中国传统农业前进了一大步，因为他们打破了以往"学者不农，农者不学"的社会分界。他们毕竟是文化人，一旦选择躬耕度过余生，总还要在这一行里有些作为才是。有些隐士放弃杂念，专心于农事，最终写作了农书，成为一代农学家，完成了从隐士到农学家的转变，从食禄者到自食其力劳动者的转变。中国历史上许多农学家就是这样的"隐士农学家"。

最高的科学成果是猜想出来的，茶作为一种千年延续的物质文化现象更是可以猜想的。我们猜想，中国人喝散茶的习惯，不完全是因为明朝开国皇帝朱元璋对团饼茶下的禁令，而是从魏晋时代归隐派文人和隐士农学家那里承袭下来的。在当时，茶已经是比较普遍的饮品，但茶的制作则比较繁琐、根据唐代陆羽《茶经》提供的资料，生产茶饼需要二十几种工具，十二道工序，流水作业，茶饼的保存条件也很讲究，一般家庭难以效仿。再者，当时茶是高级消费品，说不定是像盐、铁一样的国家专营产品，又是入口的，一定有比较严格的卫生检疫和质量、度量方面的国家标准，非国有企业是不能问津的。那些过去领着国家的工资、国家配给的茶票，到茶叶专卖店里随时可以买到特供茶的前政府官员们，归隐后过着日出而做，日落而息的农耕生活，已经够单调的了，还要消耗大量体力，挥洒大量汗水。休息时间到了，旧时留下的茶瘾就发了，喝盏茶谈谈天、消消渴是少不了的。但没有了过去的身份和地位，手头也越发拮据，发现喝茶简直是一种奢侈。好在大自然中茶并不是稀有的国家保护植物，野生茶资源在南方并不少见，移植和栽种的技术含量也不是太高。隐士们上山背草砍柴，有时候为借力伸手一拉，拉着的就是一棵茶树。春天来了，万物复苏。春分后一场春雨初霁，茶树枝头爆出无数亭亭玉立的嫩芽，有的一叶，赛似雀舌，有的一叶一芯，形同旗枪（后被乾隆皇帝赢得冠名权），用手指甲一掐，嫩叶就欢快地跳入手掌，在手掌上把玩，其形、其状、其色、其香简直就是植物界的才子佳人。把他采来放入怀中，一股清爽之气淹没了汗水的垢气。

按照当时制茶的惯例，要先将这些青叶捣成细泥，用蒸或摊晾的方法去其青叶味和苦涩味，再用烘焙的办法吊出其清香味。隐士们添置不起这些设备，怎么办？土八路总有土办法，用现有资源土法上马试试。在野外垒一个石灶，留出灶膛、风眼，砍一些松枝（内含既香且易燃的松香）作为燃料，灶上置一瓦盆代替锅。制茶用具就算到位了。然后把采来的茶叶风干两个时辰（摊晾），就倒入瓦盆里用手翻炒。手势随着瓦盆的圆势将茶叶按住来回挤压。随着锅温的提高和茶叶水分的逐渐减少，一股股清香扑鼻而来。灶膛里温度太高了，把茶叶盛出来，抽掉些松枝。这时的茶叶还有点青草色和青草味，摊晾以后再倒入锅中第二次翻炒，炒掉了青色青味，炒出了形状。这时的茶叶，翠绿中带点老黄，清香中带点微甜。一种新型的隐士茶或农家茶就这样问世了。然后就是喝茶了，从身边哗哗流过的山泉汲来清洌的泉水，用松枝慢火煎水，保持水的嫩度，等到水开始起细泡时将茶叶倒入（干茶撮泡法当时没有），这时只见茶叶慢慢舒展开来，舀上一碗这么一尝，满口清香令人顿时神清气爽，随之两颊生津，舌带微甜，满口余香。浑身筋骨好像也为之一松，感觉浑体通泰。这样的感觉，当时在场的隐士们一定根据每人的感受留下了记载，但因为处于隐居状态，无法发表。一直到几百年后，唐代诗人卢仝的"七碗茶诗"，大概最切近那时候的感觉：一碗喉吻润，二碗破孤闷。三碗搜枯肠，惟有文字五千卷。四碗发轻汗，平生不平事，尽向毛孔散。五碗肌骨清。六碗通仙灵。七碗吃不得也，唯觉两腋习习清风生。

由于归隐派中人，皆为当时的著名文人，不把自己钟爱的东西做成精品，玩到极致，形成雅俗共赏的文化不算完。隐士们发现了散茶和它的非凡意境，当然还要大有讲究地为它配套器具、礼仪、茶艺，把它与人生结合起来悟出茶道，写成茶诗、茶散文、茶经、茶歌、茶曲，使之广为流传。套路多了，被美化、艺术化了，茶就变成一种文化了。但由于隐士们身处僻壤穷乡，从那里生长出来的果子再甜也是野果，散茶再好、再香、再饮用便捷也没法登高雅之堂，只能沦为俗文化在乡野或民间流行，直到只接受过俗文化教育，只喝过散茶的朱元璋在其权力熏天的时候一声令下，中国才停止制作团饼茶，散茶开始登堂入室。隐士们期盼了一千年才云开雾散，扬眉吐气。

当然，本文这样的叙述，是浓缩了这个说不定是要一千年才能完成的天路历程。

促成茶文化滥觞于魏晋南北朝的还有另一支饮茶的有生力量，这就是当时为数众多，没有像归隐派那样玩人间蒸发而在城里依然蝇营狗苟为五斗米折腰的清谈派集团。他们也都是文化人，也不愿与当时社会俗流、浊流同流合污，想另辟蹊径找出一条清流以托付自己脆弱的灵魂。所以人以群分，组建了规模甚大的清谈派集团公司。他们经常聚会，组织方式类似于现在的大学生辩论赛，辩论双方如《刘三姐》里对山歌一样，以一条溪沟或小河为界，一边站着正方，另一边站着反方，题目都是组委会、评委会出好事先发给大家的，大家回去做准备。参与者要在这几天里整理材料，写好讲稿，准备辩论时先发制人的独门暗器，然后对着镜子练口型，对着大山练嗓音，对着墙壁练表情。什么时候要慷慨激昂，什么时候要和风细雨，什么时候要声泪俱下，什么时候要幽它一默等等，都得编入程序，记熟背熟，不能冷场，也不能夸张。反正是一场智商、情商、牛商马商的大比拼。规模最大的一次清谈会是在绍兴兰亭举行的，王羲之那篇千古流传

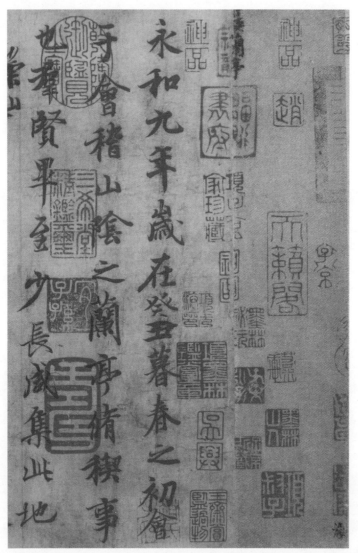

◆ 晋王羲之《兰亭序》（局部）

的《兰亭序》就是写的这次盛会："永和九年……暮春之初，会于会稽山阴之兰亭，修禊事也。群贤毕至，少长咸集……"可以想象一下当时的情景：兰亭曲水两边清谈双方选手已经坐定，身后站满了前来捧场的或看热闹的人群。曲水中一只只盛着绍兴黄酒或茶的木碗盏随着水流缓缓流过供客人饮用。辩论开始，正反双方各自亮出自己的论点论据，巧舌如簧，有时歪理十八条。讨论的题目现在已不得而知，反正和欧洲中世纪教会讨论一根针尖上能站几个天使的题目差不多。评委们注意听论辩的内容和辩者的口才，看热闹的则只看哪个帅哥长得起眼，哪个挥手甩袖样子得体，反正站着没事也跟着主持人瞎拍几下巴掌。太阳快落山了，组委会不提供夜间照明，辩论会也只好鸣金收兵。评委会推举一位元老做一下评点，元老对双方都表示赞赏，也都指出不足之处，掌握的尺寸比例刚刚好，没有输赢，谁也不得罪。于是主持人宣布，此次清谈会"暂告一个段落"。请大家到咸亨酒店用个便饭。

　　当然，平时更多的是室内的两人组类似主客问答式的清谈，也有四人组、八人组的。人数越多，观点越多，正像北方俗话说的"人多主意多，鸡巴打铜锣"，谈到结束，谁都不知道说了些什么，早就离题万里了！想想也是，所谓清谈，一不能谈国事，二不能论时政，三不能谈家常，四又不能谈女人，搜索枯肠也找不出几个像样的话题来谈了。后来由清谈派发起的非佛非道，似虚非虚，若有若无的玄学就是在这种实在谈不出什么，又不能不谈的背景下产生的。

　　清谈的技巧肯定是采用了赋、比、兴的修辞手法，否则当

53

时的文学评论家刘勰在《文心雕龙》诗学论著中就不会津津乐道来加以解说。所谓"赋"，就是直抒胸臆，比如说，我爱你；所谓"比"，就是以此喻彼，比如说：我爱你，爱着你，就像老鼠爱大米；所谓"兴"，就是托物抒情，陕北信天游最常用，比如说：墙头上跑马还嫌低，搂着你睡觉还想你。这是中国诗歌中常用修辞手法，起源于《诗经》，到魏晋南北朝得以广泛运用和理论总结。清谈的内容虽然无聊，但其语言修辞艺术肯定占据历史高峰，对魏晋以后中国语言文字的辉煌有筚路蓝缕之功，直到被强迫应用到科举八股文中以引经据典、晦涩难懂为能事才显得酸腐不堪。

清谈的技巧也肯定促进了讲故事的技巧，否则魏晋南北朝不会成为中国小说起源的时代，而且小说品种齐全，有像《搜神记》、《冤魂志》之类的志怪小说，也有像《世说新语》、《语林》这样的志人小说。可见清谈中要吸引对方的眼球和耳膜，也要绘声绘色，把故事讲的像那么回事。时间、地点、人物三要素缺一不可。还要情节生动，且符合人物个性。隐士的个性，如王先生者也。有一个风雪交加的夜晚，王先生突然想到和戴先生好久没见了，极想去和他促膝一叙。冒着漫天风雪像年三十躲债归来的杨白劳，王先生终于划着小船来到戴先生家门口，正待叩开柴扉进去叨扰，突然又住手。坐上小船原路返回。人问起，王先生潇洒作答：我是乘兴而行，兴尽而归，没有任何遗憾啊。王先生真非凡人也！还有一位管先生，做学生的时候在书馆里埋头读书，自己用功了，便看不惯不用功的同学。同席（同桌）贪玩，自修时溜出教室捉蛐蛐，等回来时，一

◆ 雪夜访戴图（元张渥绘）

看席子已被管先生割成两半。管先生以此表示不同流合污的方式对他进行了一场无声的教育。这种讲故事的方式所起到的指桑骂槐、含沙射影或循循善诱的作用，在清谈会上开辩时肯定是被常用的。

正如许多科学发现是无心插柳的产物，魏晋南北朝的清谈家们可能一不留神就成了中国第一代茶人，茶叶的最广大的消费者，茶文化的始作俑者。可以设想，如果把清谈会开成酒会，发言者讲到激动处，咕咚一杯酒；讲到得意处，咕咚一杯酒；讲到伤心处，咕咚咕咚几杯酒下肚，争辩到激烈时，双方不面红耳赤、老拳相见才怪，清谈会开成了青脸会。只有茶，才能在请谈会上起到戒示双方动口不动手的文明礼貌作用，即使实在辩不过对方或气不过，最多也只能把茶水泼向对方，你来我往，外人以为这里在举办泼水节。不过这样的情景是绝少有的。首先，泡茶、喝茶的过程如同礼仪，古代人穿的拖泥带水一套行头，嘴边留着三寸美髯，把茶杯送到唇边、喝到嘴里要好一番形体动作。后生卢仝的七碗茶诗偏有那么巧，就像在记录清谈的整个过程：发言者肃然站起身来，端起茶碗先润润喉、清清嗓（一碗喉吻润），然后培养一下感情，发觉听众们都有了些睡意，突然一亮嗓，有如平地一声雷，把众人震醒。效果达到，再饮一碗（二碗破孤闷）。接着，开始行云流水，珠落玉盘般亮出自己观点，此时，需要旁征博引、遣词造句，赋比兴的修辞法、小说技巧，配以形体动作，十八般武艺全得用上，难免口干舌燥，再喝一碗（三碗搜枯肠，惟有文字五千卷）。做秀（类似于外国电视上的talkshow）至此，已经微汗如蜜、满脸油光，昨晚在家里因为准备这门功课而耽误了床上那门功课的窝囊在此得到充分排遣，仿佛重新雄起，于是再喝一碗（四碗发轻汗，平生不平事，尽向毛孔散）。整篇演讲滔滔雄辩，高潮迭起。此时已汗如雨注，好像晨练长跑5000米，顿感浑身毛孔通畅、体内五脏俱清、肩周炎、腰椎间盘突出症状全消，还来上一碗（五碗肌骨清）。演讲规定时间快到了，主持人敲响小钟，剩下的时间里，应迅速收势，这时的感觉是神采飞扬，仰头只见胜利的光芒，所有人都在像菩萨一样对演讲颔首称是，精神得到升华，于是，以茶代酒，自摸一碗庆功（六碗通仙灵）。演讲结束，掌声稀稀拉拉却如雷贯耳，主持人请坐下。鞠躬谢过主持人，一屁股坐下，习惯性地端起茶碗往嘴边送，不好，小腹内急，赶紧找恭所（厕所）出恭（七碗吃不得也，唯觉两腋习习清风生）。说者如此，听者这时也不断喝茶提神，一碗又一碗，生怕自己打瞌睡对人不尊重，中途还有借口一次次起身出恭，出去换换空气，抽支烟，碰上熟人聊几句天，因为是喝多了茶的缘故，人也不怪罪。

　　有n次的清谈会，其主题就是茶。有时还配上雅乐，叫几位漂亮小姐表演泡茶技艺。小姐的葱根指、兰花手波浪般地在各种茶器具间起伏舞动，炙茶、碾茶、筛茶、煎水、投茶、止沸、分茶、奉茶，整套动作如水银泻地，匀称细腻，了无痕迹。看着小姐的绝色年华，不禁有点想入非非，嘴里口水也分泌得多而快起来。但清谈家们可都是有头有脸有文化的人，喉结随着咽口水蠕动，表情却依然一本正经。曲终，演员退下，主持人要求就刚才的表演展开清谈。这下，大家的感觉非常一致，都咽了口水。对于口水的来历，起了一些争议，有的说茶有像望梅止渴那样的心理暗示作用，本能使然也；有的说茶是有灵魂的草木，人善待茶，茶亦善待人，故茶人皆有茶的精神，即使身处上甘岭，亦能靠意念解渴，精神使然也；有的说佳人似水，佳茗似佳人，清谈有佳人奉茶，如读书有红袖添香，故未饮而满口香津，激素使然也；有的说原来茶入肚前可以有那么多讲究，简直是一幅书画，一段舞蹈，一顿佳肴，其审美意义大焉，故能未饮如饮，艺术使然也。接着，大家还对茶的器具、泡茶礼仪，服饰仪表如何美化、完善各抒己见，不厌其烦、精益求精。本来由荷尔蒙招徕的满腔口水就此去凡脱俗，变得神圣起来，不再用于打口水仗。在故弄玄虚、故作正经的清谈中，茶经文人一吹嘘、一张扬，就有了人格、有了精神、有了性别、有了艺术、有了道德。在封建时代，封建贵族是文化发展的动力。茶，就这样被几个朝代的精神贵族供上精神祭坛，完成了由物质到精神的文化历程。

中国的茶文化于此滥觞。

第四讲

辉煌时代

公元618年，中国历史上诞生了一个前不见古人，后不见来者的辉煌朝代——大唐王朝。同时也造就了一个只有当年汉武帝能够比肩的伟大王者——唐太宗李世民。因为两者时隔近八百年，所以唐太宗头上的光环比汉武帝瓦数更大些，可以称得上是千古一帝。而李世民所经营的唐帝国，也确实像一块滋味无穷的橡皮糖，把东西南北的少数民族、时代精英和文化精华都粘到一块儿。中华民族大家庭尽管后来还有纠纷，甚至大打出手，但从此再也没有分家过。李世民时代的"贞观之治"，创新了有史以来的社会制度，一言以蔽之，就是民主与法制。由于李世民本来就是和父亲一同打天下的战将，父亲李渊作了皇帝后，没有遵守曾经许下的立他为储的诺言，而他当时一定是得到上帝暗示，这个千古一帝舍他其谁？所以他在父亲当政八年后，发动了玄武门之变，把成为他帝王道路绊脚石的几个兄弟都送进了地狱，把父亲送上了有名无实的太上皇宝座。李世民自己则坐上了皇帝的龙椅。尽管干的事谋逆篡权、不忠不孝，但却也在续后干出番惊天动地的大事业，让国家富强起来，让人民富裕起来，这才是硬道理。而英雄是不用知其过去，问其

◆ 唐太宗李世民像

来路的。李世民自己的历史是他自己书写的。由于他的所作所为顺乎天理民意，后代史官也不敢往他脸上抹黑，怕出版社不给稿费，怕人民把他的书给烧了，落得名利双失。贞观时代没有文字狱，而是言路大开，居然没有人跳出来骂李世民的娘，相反，只有为其评功摆好之词。司马迁弟子们的劣根性就此也暴露出来：说你行你就行不行也行，说你不行你就不行行也不行。

李世民没有祖制的束缚和羁绊，或者说他根本不把祖制放在眼里，江山是老子打下的，老爷子是老子把他赶下台的，兄弟们是老子杀了的，试问天下谁敢让他们借尸还魂？除此以外，李世民对谁都很宽容，宽容到把隋炀帝的女儿纳为自己的小老婆；宽容到魏征指着他的鼻子骂山门，他也不还嘴，还要讨好他；宽容到各地民众可以直接到皇宫上访；宽容到街头瘪三、江湖浪人，只要你有两下子，都可以给你安排工作；宽容到百姓赋税徭役，一免就是几年。而最大的宽容，就是敞开国门，实行对外开放。打开国门，一般有三种情况，一种是因为国家强大，不怕别人来和平演变，相反，你来一个，我就改造你一个；一种是自恃强大，我开放，可以让你来领教一下本朝天威，把你吓住，俯首称臣；还有一种是国力弱小，国门是纸糊的，被人一攻就破或者不攻自破。第一种是强盛的表现，这样的国家，谁敢进犯？第二种是自大的表现，别人一旦强盛，第一个攻击目标就是你；第三种是无奈的表现，只好由别人说了算。李世民时代的唐朝是第一种形式的开放，是一种更博大的宽容，宽容到外国人可以在我朝做官；宽容到外国货可以免关税进入我国市场；宽容到外国的文化可以和我国文化融为一体。大唐之所以为大，就是他有这样的泱泱大气。直到现在，旅居海外的华人还以身为唐人自豪。

应该怎样形容唐代文化才好，说它浩如烟海、美轮美奂？那只是它的数量和姿色；说它海纳百川、风采万千？那只是它的容量和外象。唯有黄钟大吕、壮怀激烈，才体现出它的精神实质。

唐代是诗歌的时代。不知你发现没有，唐代诗人的诗兴大多在登高望远的时候勃发。初唐诗人王勃登滕王阁，写下了惊世之作《滕王阁序》，奠定了唐代诗风的浪漫主义基调。"会当凌绝顶，一览众山小。"登高时的审美角度是俯视的，心情是悲壮的。登高时才发现自己变得那么渺小，而目力所及之处的所有一切都那么伟大，所以"念天地之悠悠，独怆然而涕下"；站在平地上看着从天而降的大江大河（"黄河之水天上来"、"唯见长江天际流"）登高望去，也不过两条曲曲弯弯的黄丝带，所以对于豪放浪漫的盛唐诗人李白来说，"白发三千丈"又算什么，长江头和长江尾这点距离又算什么，抽刀断水又有何不可。那个年代的诗人，他们的眼界是最开阔的。花卉草木不入他们眼球，所以唐朝较少咏物诗。即使身处边塞，他眼中只看见"大漠孤烟直，长河落日圆"，即使天寒地冻，他却望见"忽如一夜春风来，千树万树梨花开"；他们的胸臆也因眼界的开阔而最博大，有许多唐诗时间和距离被作者随意调度，以致有些研究唐诗的老外居然在一首七言诗里找出16种时态，激动得差点昏倒。例如："秦时明月汉时关，万里长征人未还。但使龙城飞将在，不教胡马度阴山。""君问归期未有期，巴山夜雨涨秋池。合当共剪西窗烛，却话巴山夜雨时。"这样的例子在唐诗中比比皆是。时间、空间算什么，都来吧，让我编织你们！说明诗界个个都学李世民：不认祖制，唯我独创；心胸博大，还表现在语言运用上，唐诗中极少有"我"字出现（李白常用"君不见"起势），因为我是那么不起眼，而我所见的都是伟大的，我的所思所想都是如何兼济天下；唐诗甚至很少用千以下的数词，很少用谦辞、敬辞、典籍、婉约之词。什么是美？在唐朝的美学词典里，绝对是大为美、高为美、远为美、壮为美、极限为美，说到底，黄钟大吕的气势，壮怀激烈的精神为美。

"北风卷地百草折",这句唐诗可以概括盛唐时中国草文化的生存状态。据说李氏家族有鲜卑民族的血统,传承的是食肉文化。在盛唐对千年文化积垢的大扫荡下,草文化确实失去了他的很多土壤。由于唐代文化用中国文化的磁场吸纳世界各地的文化精华,自己长成了参天大树,变成了有血有肉的猛兽文化;由于文化的主体是中国人自己,草文化识时务,是决不和自家人较劲的;更何况它知道,这只猛兽迟早要退化成食草动物,迟早有它再显身手的机会。

果然,这机会没过多久就有了苗头。随着唐太宗的精神支柱长孙皇后和魏征先后离他而去,随着他年龄的日益老去,更由于他立储失误,太子承乾造反,给他老年心里蒙上一层阴影,随之老眼昏花地选择了典型的食草动物李治继承了王位。

李治是李世民的嫡三子。他的两个哥哥都是为了觊觎王位而失去王位的。亲历了这些宫闱之变的李治已经吓得得了青光眼,哪里还敢靠近王座半步。这世界上的事就是这样,越想得到越得不到;不想得到却偏是你的。李世民被两只狼崽子打闹得不得安生时,相反觉得让草人性格的老三来继承王位,非常道而用之,有出人意料的效果也未可知。如果你爱他,就让他去当皇帝吧;如果你恨她,也让他去当皇帝好了。李世民当时说不定就是这个心态,反正死后四大皆空,江山归了谁,就爱谁谁去吧。

老皇帝李世民撒手西去,带着未酬的壮志,带着讽意的微笑。唐高宗李治在老爹的铺垫下顺利继位。他兴冲冲地从感业寺里接出被迫为老皇帝终身守节的后花园相好武媚娘,也就是日后的女皇帝武则天。以后的日子，证明了李治唯一做对的事情就是这件"引狼入室"之举。

对女人而言，阴谋与爱情是合二而一的。爱情里面包藏着阴谋，阴谋里面又隐含着爱情。武则天对李治就是这样的。李治是草文化熏陶出来的一只牡羊，而武媚娘则天生就是一头母狼。一只羊即使带领一群狼去和一只狼带领的一群羊作战，也是必败无疑的。母狼（武媚娘）受母羊（王皇后）的邀请去干掉另一只母羊（萧淑妃）。母狼欣然答应，因为只有这样她才能进入羊圈。进了羊圈，她没有理会王皇后的策划，而是使出从狐狸那里学来的媚技，夹起尾巴，装得比小母羊还娇小柔弱，扇得那只公羊（李治）满肚子骚火，电得他五迷三道的，对她言听计从。狼的与生俱来的警觉使她觉得王皇后因为发觉上当而欲对她发难，而狼的优势就是在对手还没来得及出手前就出手把对手收拾了，更别说对手只是只羊了。她用亲生女儿生命的代价赢得了老公羊对后宫两头母羊的仇恨。他用青光眼看去两只母羊确实青面獠牙，疑似恶魔，毫不留情地将她们打入冷宫，母狼则潜入冷宫将她们撕个粉碎（斩去手足，变螭人，枭首）。收拾完了公羊身边的母羊，母狼又回过头来，和老公羊一起打坐龙庭。她让老公羊的青光眼将所有朝臣都扫描一遍，并助以心理暗示。果然，在李治眼光里，已是洪洞县里无好人，满朝文武都瞪着狼眼、伸出狼爪，张开血盆大口像要吃了她，唯独真狼在他的青光眼里却是只羊。于是，李治又像中了魔法似地将一大批前朝忠良逐出宫廷，为母狼消灭了所有天敌。母狼斗不过其它猛兽的时候，借助那只领头羊的天授权位将猛兽摆平，

◆ 洛阳龙门石窟的卢舍那大佛，是按照武则天的形象塑造的

可谓老谋深算，魔法无边啊。这下，只剩下那只傻呵呵，对她言听计从的老公羊了，不用她下手，老公羊也早就废人一个了。以后的情景就是：所有的奏章都是母狼批的；每次上朝，狼在帘后使唤，羊在前面叫唤，史称：二圣临朝。

李治基本上是受武则天精神虐待抑郁而死的。他死后，武则天当起了中国第一任有名有实的女皇帝。她的成长过程应验了一句话：男人马背上打天下，女人床笫间得天下。她有其他当政的女人一样的毛病：任人唯亲（用武姓娘家人）、多疑多虑（设铜匦、用酷吏）、滥用私刑、随心所欲（改年号十几次）。在私生活上也不检点，把一个和尚（冯小宝，后改名薛怀义）、一个太医（沈南璆）养在身边当面首。和尚卖药出生，过去卖药为推销自己的金疮膏，会点棍棒刀枪功夫，人称滚刀肉。其体型健美，阳具挺拔。女皇对他由宠而信，把一些重点建设项目都交付给他，让他宫内宫外都赚个钵满盆满。太医则精熟女人身体各部位，床上技巧层出不穷；又懂事后如何调理补气，不像和尚仗着自己筋骨强壮只知道蛮牛般傻干。傻干的加巧干的，武则天十分满足地度过自己死了丈夫以后的夜生活。直到年届70，还嬖幸张氏两兄弟（张易之、张宗昌）。现代人应充分理解像武则天或者俄国女皇叶卡捷琳娜二世这样的女人的所谓放荡。女人也只有到掌握了政权才能将此事做得如此理直气壮、如此不怕张扬，焉知她们不是以此作为向男尊女卑的封建社会的一种挑战？

现代人也应该原谅武则天的杀人无度。在那个社会，一个女人要统驭天下，其来自舆论和性别的压力比同等地位的男人大何止百倍千倍。若以妇人之仁对待敌人，连楚霸王都落得个家破人亡的下场，何况武后乎？对待家人、亲人乃至儿女也是如此，有些亲人成了她的对立面，就被她亲手干掉。她难道就铁石心肠，不为之所动？其实不然。她很胆小，自从掐死自己亲生女儿、杀了那两只母羊后，老觉得夜半有厉鬼向她索命，吓得她只好长期蜗居洛阳。她很迷信，自从被萧淑妃诅咒下辈子变成老鼠后，从此不敢与猫接近。她很自责，生前那么目空一切，死后却只给自己留下一块无字的墓碑。然而，武则天就是武则天，她还有一般女人不具备的东西。她很宽容大度，从不干灭人九族的事；还收养了不少被害者的遗孤，对他们视如己出，也不怕他们将来进行报复；李敬业起兵造反，打的旗号就是因为皇帝是个女人，且不姓李，弄得李家的男人没面子。骆宾王写的宣战书《讨武曌檄》传到武则天手里，按照常理，应将他千刀万剐。没想到武则天对此人此文击节赞赏。她也很无视祖制，中国历朝历代，没有女人在朝中做官的，而武则天硬是破了这规矩，培养出中国第一批女干部。女人从此站起来了。有权欲的女人越来越多，武则天的儿媳韦氏、女儿太平公主都加入了这个行列，到了唐中宗时代，公主们也可以像皇子们一样得到分封。

唐朝若是没有武则天，就不会那么波澜起伏，那么虎狼成群，甚至连唐明皇这样的文人皇帝也不得不先把自己变成一只猛兽，发动血腥政变方能登上王位。李氏子弟，就是在这样的血肉拼搏中增长了才干和政治智慧，锻炼了意志和英雄气概，从而保证了帝祚长盛不衰。从这个意义上说，李治作了件好

◆ 唐代壁画中持茶具的侍女

事。

一个直到公元1987年才得以破解的历史之谜，让现代的中国人震惊。唐朝若是没有武则天，中国的茶文化可能不会有今天这样的彰显，茶文化的源头可能不会像今天这样无可争议。

这是一则和法门寺有关的故事。1987年，考古人员打开了一千一百多年未见天日的法门寺地宫。地宫里，一套流光溢彩的唐代宫廷茶具几乎照花了考古人员的眼睛。他们的兴奋程度不亚于历尽劫难的欧洲中世纪武士找到那只世界统治者象征的圣杯。且按下这套茶具如何精美不表，单表这地宫隐藏着的李家王朝世代天机。前面我们提到，释迦牟尼为在中国实现其世界革命的梦想，派他的弟子们携带他的佛骨来到中国企图借骨施教，影响和感动中国。东汉年间，战乱频仍，汉桓帝出于自身需要接纳了佛教，并允许他们在中国推介佛教文化。印度和尚因长途跋涉，只得轻装简从，携带在身的是佛陀身上最轻便部分——佛指骨。佛陀由于长年吃素，蔬菜中的金属微量元素浸入骨殖，经火一炼，金属还原本色，骨头颜色也与常人不同，呈半透明肉色，十分奇异。为了供奉和保存这些佛指骨，和尚们提出要建一座带七级浮屠、带地宫的寺庙，汉桓帝批准了建塔和寺庙，地宫和扩建寺庙则是由唐太宗李世民主动提出赞助。李世民对佛教的感情原是出于对少林寺的感恩。少林寺武僧曾在他被敌人追杀时救了他的性命，如今，他已经把隋朝送上了西天，凯旋而归。他是个知恩图报的人，头一个想要报效的就是对他有救命之恩，在关键时刻不惜牺牲自己生命的和尚。凯旋路上，他经过法门寺，当他知道这里的宝塔地下室

◆ 法门寺地宫出土的唐代银坛子和银龟盒

供奉着释迦牟尼的舍利骨，不禁肃然起敬。尽管规定三十年才能开启一次，但和尚们破例又为李世民专门开一次门，令李世民更为感动，当场拍板扩建法门寺，把原来的地下室改成大地宫，并增加和尚编制80人。事后，李世民更觉得此举善哉，在他的治国方略中，佛教确定为国家稳定和谐的最佳精神统治工具。

此后，法门寺成了李家王朝的家庙，僧众最多时达五千人。地宫建成后，唐太宗又瞻仰了一回佛骨（631年），这次作秀，意在推动全国的佛教运动如火如荼。聪明的皇帝什么时候都不会把政权交给宗教，而只把宗教用来巩固政权。武则天深知先皇其中三昧，把佛教运动推向高潮，形成了"文化大革命"似的气势。又过了三十年，到了地宫可以开启的时间（660年），那时朝廷当家的换成了唐高宗李治，但他是丫头管钥匙——当家不做主。做主的毫无疑问是武则天。因为武则天不敢回长安，却又想亲眼看一下、亲手摸一下这块形体小而威力巨大的稀世法宝。李治也没辙，只好亲自压阵，劳师远送。动用僧众仪仗、军力警力无数，沿途千里组织迎送。这样日夜兼程，把个李治整的青光眼也发了，下巴颏也尖了，终于把这件最高国宝运到洛阳。武则天看见国宝，心里一定想像首饰那样据为己有，但实在不敢。于是，赏老公脸上一个嘣儿，耳语一番。李治接着又忙开了，征集金银工匠，为舍利造金棺银椁，"数有九重，雕镂穷奇"，又捐钱、丝绢等不计其数赞助给法门寺。并养着这批护送人员在洛阳政府招待所白吃白住两年后，武则天才肯把宝物奉还。又过了四十多年（704年），李治也去了老爷子那儿。我们已经无法得知武则天为什么要推迟开门日期，也许她已经感到自己来日无多。再次把宝物请出地宫，是借宝物回地宫的机会，把自己最心爱的一套绣金夹裙也送入了地宫，相当于她可以天天陪伴释迦牟尼左右，保佑她的江山、她的天颜万年长存。

极有可能武则天在与宝物相伴的日日夜夜里，对李唐王朝的后代下了什么咒语，同时向宝物许下了什么宏愿。李家后代每开启一次地宫之门，咒语就应验一次，大唐帝祚就衰微一次。也许是佛祖对这个女人偏爱，允许她把肉体交给恶魔，把灵魂交给佛陀，保证她一生善始善终。

现在该表一表上面提到的那套美轮美奂的宫廷茶具，又要启动猜想程序了。女人有一个特点，她认为最好的东西，一定要据为己有才肯罢手，哪怕用尽所有心机，付出一生的代价，采用阴谋诡计或者倾家荡产都在所不惜。反正她想要得就一定要得到，否则食不甘味，寝不安席。她从来不像男人一样去计算得到它的成本后再决定争取还是放弃，女人在这方面是永远不会承认失败、轻易放弃的。武则天性格倾向明显如此，对人对物皆然。她见到李治叫工匠打造的存放佛指舍利的金棺银椁，对其叹为观止。很想依样为自己打一个首饰盒，但转而一想，这样对佛祖太不敬，赶紧念声阿弥陀佛，把快到嘴边的话咽了回去（看来武则天唯一有忌讳的就是佛了）。那么，什么东西才能又接近金棺银椁，可以让她天天把玩，又不列入佛器范围，可以让她心安理得。人到中年的武则天依然美貌不减当年，只见她微合双眸，眼珠子却在不停转动，微锁蛾眉，心里头琢磨开了。等到她睁大双眼，蛾眉舒展的时候，新的创意便脱颖而出。她把工匠们叫来，命他们用同样的材质，按照她的创意，打造一套银质镏金的茶器具。她知道，茶和佛最早结缘，茶是事佛、敬佛的最佳媒体。茶又是天天喝的，每天见到这套茶器，就如见到金棺银椁，就如见到佛祖真身。即使佛祖发现了，咦，怎么你这玩意儿和我的房子一样，也因为是茶具而决不会怪罪的，真是一举三得呀。武则天绝对是个把一件事情的因果想得

◆ 法门寺地宫出土的唐代银茶碾子

清清楚楚才出手的女人，她绝对不会像李家第22代皇帝僖宗那样，把该在人间使用的东西拿到阴间里（地宫通阴间），除非自己死了，才把生前喜欢的物件一起带走。我们猜想的依据，就是法门寺地宫发掘出来的茶具，其材质、其风格与金棺银椁有很近的血缘关系。武则天的乾陵墓至今没有发掘，但愿到了它重见天日的那天，事实能证明这个猜想不是瞎想。如果猜想成立，武则天便毫无疑问是代表中国茶文化最高峰——宫廷茶器具和茶道的始作俑者。

李治死后三十二年，在明堂供奉完佛指舍利后第二年，武则天也随佛指归去而魂归西天。

武则天死后，唐朝又出了一任以多才多艺多情而千古留名的皇帝唐玄宗李隆基，史称唐明皇。他在位的开元年，延续了李世民、武则天以来的盛唐繁荣昌盛，国强民安的局面。安史之乱给盛唐晴朗的天空上带来一片乌云。正像《睡美人》里那只被下了巫咒的纺锤，注定要在公主16岁生日那天的子时子刻击中公主，让她变成一个植物人。唐朝的又一个女人——杨贵妃，潜入了皇家后宫，在盛唐走向鼎盛时，把雄性激素产量尚处在活跃期的李隆基拉进了红绡帐底，一个干柴，一个烈火；一个白发，一个红颜；两人厮守着，夜夜寻欢，日日作乐，须臾不肯分离。没多久，当年那个敢于振臂一呼，发动景云政变，对篡权姑母太平公主敢下杀手，颇有李世民之胆略和遗风的李隆基；那个恢复了李家王朝，平叛平乱，缔造了开元盛世的唐玄宗；那个叱咤风云，运筹帷幄，知人善任，摆平了宫闱内种种危机的唐明皇，此时在杨玉环的冰肌玉肤、黛眉粉唇前，全

◆ 杨贵妃华清出浴图（清康涛绘）

部的心理生理防线土崩瓦解。杨玉环是个美少妇，其三围一定很符合唐朝审美标准，床上功夫也一定了得。李隆基用曲线迂回的方式把她从自己儿子的热被窝里拉出来拥入自己怀中，然后对儿子语重心长地说：孩子，你踩着马粪了（网络游戏语，意思是你栽了）。对此，儿子只有傻眼的份儿。此时，杨玉环28岁，而唐玄宗已年届花甲，刚死了老婆。暮年丧妻，本是件令人同情的事，唐玄宗此举亦无可厚非。国不可一日无君，而国君不可一日无喜欢的女人。君王没有春天，就像巨人的花园里没有了孩子，整个国家都将失去欢声笑语。本来唐明皇在这个年龄还能焕发第二春绝对是国之大幸，但事情往往过犹不及。美本来不是罪，但美得让皇帝整天只觉得"春宵苦短"，从此不早朝，不问国事；美得让皇帝爱屋及乌，杨家兄弟纷纷入主政府权力部门，炙手可热；美得让皇帝刀枪入库、马放南山，整天沉湎于声色犬马，那就是美之罪，美人之罪了。可怜的杨贵妃，你美过头了。本来在华清池洗洗澡，夏天想吃点荔枝，出于帮夫认安禄山做个干儿子，和他跳一段土耳其旋子舞，展示一下才艺又何罪之有？可轮到你就不一样了；李隆基以上的好几任皇帝都被女人整成了植物人（李治、李显），加上一个武则天让男人丢尽面子，见到又一个皇帝被女人迷成那样，朝廷上下已如惊弓之鸟，生怕女人王朝再次复辟。本来这只能怪男人自己没用，可轮到你就不一样了；安史之乱本来就是因果相承，非来不可的，皇帝仓皇出逃，狼狈得连鞋也来不及穿，弄得很丢人。杨国忠奸佞，本就该杀。在自己心爱人的生死抉择面前，李隆基那叶公好龙的劣根性就暴露出来了。本来，他可以有机会成为中国版的英王爱德华八世（温莎公爵），人家做得多彻底，为了心爱的女人宁愿放弃江山。杨贵妃长的总比那个比她男人还大三岁，一张胡瓜脸的辛普森夫人强上百倍吧。可是这个男人这时候没了血性，在江山和美人之间做出了牺牲一个无辜女人的选择。于是，皇帝依然英明，你倒成了罪人。你不用辩白，没有那么多"本来应该……"反正事情轮到你就不一样了。你想知道为什么吗？因为历史学家都是御用的，他那支秃笔历来是替皇帝说话的，对女人历来都是无情的。他们费尽心机替皇帝开脱的同时找到了你的前身，就是褒姒、妲己、貂蝉等祸水女人。

唐明皇身上那种潜在的文人、艺术家气质是迟早要迸发出来的，尤其是他开始进入中老年，身上的狼性随自然规律减退的情况下；尤其是在社会安定繁荣，人民丰衣足食，科学、文化、哲学的成长拥有充足的土壤和营养的情况下；尤其是在坐拥杨贵妃这样一个美人，可以充分激发他的灵感和创作欲望的情况下，他更没有理由让自己的才能被荒废，默默无闻地带入坟墓。唐明皇名留青史的，除了那段乐极生悲的爱情故事以外，就是他在中国戏曲艺术、舞蹈艺术方面的造诣，如今谁不知道《春江花月夜》，谁不知道《霓裳羽衣舞》。而他当时提着宝剑，带着羽林军在宫里大开杀戒的场面与之形成的强烈反差，又有谁还记得？道理很简单，李隆基成为艺术家皇帝或皇帝艺术家，这是历史的个案，值得记入史册，而宫廷政变几乎是所有朝代的公案，青史里面只要一笔带过，原因和情节都大同小异。

　　一个男人的成败，在史官笔下都取决于他身后的那个女人。唐明皇后半生背后因为有了杨贵妃这样一个女人，作为政治家、统治者是个失败者，作为一个艺术家又是个成功者。这样的怪圈责任恐怕让当年马嵬坡下的那个冤魂至今还是一头雾水。而作为行为主体的男人，则可以成也萧何，败也萧何地推卸责任。即便到现在，古往今来可歌可泣的男女情爱已经简化为信息的迅速交换、肉体的直接交流，人们也没能把这种男女不平等的历史观点扭转过来。

　　历时八年的安史之乱，大伤了盛唐帝国的元气，也把一世英名的唐玄宗送上了末路。天生情种的唐明皇在今后两年的残余生命里，把政权交给了儿子肃宗，自己则请来道士，要他们上穷碧落下黄泉，寻找杨贵妃死后的安魂处。道士收了老皇帝的银子，哪里真去搞调查，躲在房里胡编一个故事，把杨贵妃的踪迹说得远在天边的蓬莱仙山上，说不定去了东瀛日本，让老皇帝可望而不可即，同时还言之凿凿地编造了一套当年杨贵妃和他在长生殿的海誓山盟：在天愿为比翼鸟，在地愿为连理枝。天长地久有时尽，此恨绵绵无绝期。老皇帝微闭双眼，听了明知是骗，但骗得美丽、骗得情真。他宽厚地打发走了道士，自己追寻杨贵妃的灵魂去了。

　　唐朝经过一百多年的盛世，开始从盛唐走入中唐。八年的战乱过去了，长安城萧条过后，又恢复了往日的繁华。唐朝的长安城墙东西南北差不多都是二十里（东西宽9721米，南北长8651米，全城周长36.7公里，面积约84平方公里），除了皇宫以外，商业区、居民区均以九宫格形式排列，并用萧墙隔成各自

◆ 唐代宫廷中的饮茶场面

独立的"坊"。坊外是街道,南北11条,东西14条,其中南北中轴朱雀门大街宽达155米,把城区分成东西两半。不计其数的茶馆、酒楼、夜总会、赌场、妓院、戏台、温泉澡堂、宾馆等娱乐、招待场所就隐藏在这"围棋局"、"种菜畦"("千百家如围棋局,十二街似种菜畦")似的坊间。入夜,只见方圆廿里的城墙内,旗幌招展、灯火通明、熙来攘往、人声鼎沸、笙歌绕梁。当时长安城的居民超过百万,还不包括公元631年唐太宗攻灭东突厥后安置在长安的突厥贵族万家和西域各族"昭武九姓"以及波斯、阿拉伯商人,印度的僧侣,日本、新罗(东南亚)的留学生、学问僧(访问学者)、东南亚各地的艺人、非洲的昆仑奴等大约10万人。那时候的他们是土八路,看见长安这等繁华早就乐不思蜀。城里居民以走街串坊为乐,且乐此不疲。中国所有娱乐项目,如围棋、象棋、灯谜、酒令等都在长安落地生根,且发扬光大,找到大量玩主。出其东门,美女如云,李隆基亲手缔造的女子音乐、戏曲、舞蹈教坊依然红火,茶艺教坊也开始招生。城外的咸阳道上,尘土飞扬,车水马龙,全国乃至世界各地的客商,把产品运到长安,投入这条销金大鳄的血盆大口中,然后又在这些坊间销金窟里一掷千金。所有这些,构成了当年长安城的华丽夜生活。如果当时有画家把它描绘出来,《清明上河图》可能只是他的一个角落。长安,弥漫着享乐主义的香风毒雾,从中我们又闻到了草文化的气息。

长安可能是当时世界最大的商业消费城市,茶,自然成了市场份额最大的饮用消费品。每天清晨,喧闹的城市刚刚宁静,城里几个茶叶批发商行开始人头攒动。各家店铺的店小二肩上背着成串的铜钱，从这里换回成串的团饼茶，供当天之用。唐朝人喝的茶，基本还沿袭了魏晋南北朝的制茶方法：先把茶青叶蒸过，然后放在石臼里捣烂；捣烂后茶叶呈菜泥状，把它一团团放进木模里使劲拍压；从模里取出的就是团饼茶了。还要经过晾晒、成穿、烘焙等工序，把团饼茶中的水分完全蒸发干，团饼茶就成了一块块的饼干；再经过摊晾，就可以用细绳将茶饼串在一起，用纸包好，最后存放入干燥箱里。由于工序比较复杂，技术含量也比较高，再者长安城里的各阶层人士均非等闲之辈，所以生产大多是工场化操作，以保证产量和质量。由于茶叶青运输途中容易变质，所以团饼茶一般在产地就地生产后流通到长安，由各销售商批发零售。盛唐的茶叶消费无疑鼓励了全国各地茶农的生产积极性和开发茶叶新品种的积极性，唐朝用于进贡的茶至少已不下数十种：顾渚紫笋、阳羡茶、寿州黄芽、靳门团黄、蒙顶石花、神泉小团、昌明茶、兽目茶、碧涧、明月、芳蕊、茱萸、方山露芽、香雨、楠木茶、衡山茶、东白、鸠坑茶、西山白露、仙崖石花、绵州松岭、仙人掌茶、夷陵茶、茶芽、紫阳茶、义阳茶、六安茶、天柱茶、黄冈茶、雅山茶、天目山茶、径山茶、仙茗、腊面茶、横芽、雀舌、鸟嘴、麦颗、片（鳞）甲、蝉翼、邛州茶、泸州茶、娥眉白芽茶、赵坡茶、界桥茶、茶岭茶、蜀冈茶、庐山茶、唐茶、柏岩茶、九华英、小江园、剡溪茶、歙州茶、邕湖含膏等。

　　不仅如此，当时长安城的时尚就是全国效仿的时尚。试想全国各地的达官贵人、文人雅士乃至三教九流都对此趋之若鹜，那么茶叶的消费量又该增加多少？还有，唐朝是个开放的时代，中外贸易通商已经形成气候，一些茶叶集中到长安后，还将通过丝绸之路销往西域各国，通过茶马古道销往南亚各国，通过海上销往东瀛，那么茶叶的消费量又该增加多少？盛唐时期全国人口为5000万，喝茶之风迅速普及到千家万户的老百姓，茶和油盐酱醋柴米一样成为日常消费品，茶叶的消费量又该增加多少？可以想见，这些数字累积起来是一个多大的天文数字；同样按当时的人口比例，为茶的产供销链条配备的茶产业从业人员又是一个多大的天文数字？从那个时候起，茶从简单的小农生产发展为企业化生产，从小农经济发展成有关国计民生的支柱产业。安史之乱后国库空虚，国家财政的主要来源竟是新增税种——茶叶生产和消费税（初茶税），而且当年就收到40万贯。中国历史上"茶叶有税，自此肇矣"。从此以后，政府更加鼓励茶叶的生产和消费，中唐全国有八大产茶区，到唐德宗九年（793），全国茶产量已达200万担，相当于人均3.64斤。直到一千多年后的今天，中国仍是居世界榜首的茶叶生产消费大国。

茶的深入和普及，同样带来了中国茶文化的兴盛和繁荣。而繁荣之所指的是茶文化的多元性。宫廷有宫廷茶文化，佛教有禅茶文化；文人有诗歌曲赋雅集茶文化，老百姓有娱乐性的俗茶文化。最后，由陆羽《茶经》一锤定音为各学科交叉的综合性茶文化。

唐朝人喝茶，也有一个繁复的程序，先要将茶团饼用竹夹夹起放微火上炙烤，进一步拔出香气，收干水分，然后放入药（茶）碾子里慢慢碾碎成细末，再用细筛过滤；下道程序是煎

◆ 唐代白瓷茶碗

水，待水第一次沸腾时从中舀出一勺，并加入盐、姜、陈皮或其他调味品；再沸时，用竹棒搅动形成漩涡，在漩涡中心将茶末倒入，再搅；第三沸时便可饮用，但须先将原先舀出的那勺水倒入其中止沸（目的是不烫嘴），然后缓缓舀出茶水分到各碗盏内，就可以饮用了。整个做法尚未从茶为羹饮时代脱胎出来。这种喝茶法，被现在的茶学家称为"古典派的煎茶法"。

这种软绵绵、多罗嗦的喝茶方法无疑是遗传性草文化症状。但所谓文化，就是把物质的东西非物质化。说哲学一点，就是物质转化为精神，其转化中物质缩小了，精神扩大了；形式异化了，内容积淀了，这个过程就形成了文化。任何现实都有因果，只看见因果而不问过程的，要么是政客，要么是商人，而文化者，是对因果之间那个过程的关注和参与，至于开什么花，结什么果，非文化之目的（作者评注：所以文化人经商、从政，大致都走向败局，是因为他只顾过程，不问结果）。

茶文化也是如此。其意已不在茶本身，在乎饮茶之过程也。惟其饮茶过程之冗长，才有可能将整套动作辅以各种不同的的肢体语言，使之转化为庄重的仪式，一般仪式都是比较冗长、比较程式化的。惟其饮茶器具多而繁琐，才有可能在茶具上下功夫，使之与茶性、人性浑成一体，成为艺术品或礼器；惟其茶具有女人温文柔婉的特性，才有可能将女子作为茶艺的主体，其肤如凝脂，手如柔荑，巧笑倩兮，美目盼兮，赋茶以美色兮，是为佳人；惟其茶如月光般和淡、如玉露般清爽、如君子般高雅，才有可能吟之于诗、咏之于歌、谱之于曲、抚之于琴。长安汇萃了大唐的茶界名流文人雅士，他们办茶会、写茶诗、著茶文、品茶论道、以茶会友；各音乐舞蹈教坊和梨园也结合实际，把茶艺当作一门艺术，把品饮当作一门学问，不断研究、不断提高、不断普及。当茶成为审美的对象，成为人们追捧的偶像，当茶的商业利润完全来自其文化含量（根据前几年中国茶叶权威机构的调查，消费者购茶时，文化消费含量占了41%，质量消费含量39%），到这时候，你说茶不是文化也难了。

茶的不同归属还造就了唐朝不同理念的茶文化。

宫廷茶文化注重的是"茶之器"，形式大于内容。皇家所用的茶器具，自然不能用奢侈两字来说事，它应该是，也绝对是代表中国当时工艺水平高峰的。

唐代二十二世皇帝唐僖宗最后一次打开法门寺的地宫大门，当时他才20岁，充满了阳刚气。地宫那扇神秘之门在他眼前缓缓开启，他只觉得一股阴寒彻骨的毒气扑面而来，使他几乎休克过去。他是来代表皇室封地宫门的。因为在他之前的宪宗、懿宗都因为不顾群臣反对，兴师动众地打开地宫迎接佛骨，结果均死于非命。其实他不知道这是武则天所下的毒咒在佛陀见证下应验了。谁打开地宫，就好像打开潘多拉魔盒，谁就大难临头了。僖宗不断打着寒噤，又仿佛听到武则天在他耳边狂笑着说：你们李家人都不得好死！不得好死！他叫人赶紧根据《物帐》（供品清单）把包括一套他最心爱的茶器具在内的所有供品放入地宫后，遂命人把门封上，把墓道掩埋，从此以后，地宫之门永不开启。之后，就爆发了置大唐于死地的黄巢起义，僖宗28岁死于恐惧症。

不过，僖宗送进地宫的那套皇家茶具倒不愧为有史以来中国茶文化的极品之作。尽管他的地宫之行等于到阴曹地府提前报到，但幸亏此行才给中国、给世界留下了如此经典的茶文化遗产。

极品就是极品，它极尽豪华。两件烘焙用具（金银丝结条笼子、鎏金飞鸿球路纹银笼子），1件碾茶用具（鎏金鸿雁流云纹银茶碾子），1件筛茶用具（鎏金飞天仙鹤纹壶门座银茶罗子），3件储茶、储盐用具（鎏金银龟盒、鎏金人物画银坛子、鎏金蕾纽摩羯纹三足架银盐台）以及调茶、烹茶用具等全部用金银材质打造而成，价值连城。还有喝茶的碗盏（素面淡黄色琉璃茶盏），用的是玻璃的前身，半透明的琉璃制成。意大利人在16世纪发明了玻璃和玻璃加工，而这种加工手段中国早在七百年以前就用上了，只不过没把琉璃进一步提纯为透明的玻璃而已，更说不定为茶所want要的就是这个效果。

它极尽当时的顶尖工艺手段。这些茶具，工艺精细到极点，如金银丝结条笼子和鎏金飞鸿球路纹银笼子，用发丝般粗细的金银丝编织而成，黄金有韧度拉成那么细还情有可原，银能拉到那么细简直匪夷所思。茶具表面的鎏金工艺所达到的光洁度和均匀度、雕刻各种纹饰所达到的细密度和清晰度，恐怕是现代电镀技术和激光技术都要自叹弗如的。茶具中还有当时最贵重的瓷器（五瓣葵口圈足秘色瓷碗），秘色瓷是当时越州窑烧制的贵重瓷器，它青如天、明如镜、薄如纸、声如馨，彩釉纹色更是变幻万千。当年秘色瓷就贵如黄金，为皇家专用，只可惜这种制瓷工艺现在已经失传。

宫廷茶文化重"器"，乃是因为它既有"器量"，又有"器质"，它所达到的价值高峰、艺术高峰、工艺高峰都是当时任何一种茶文化所不能比拟的，大大提高了中国茶文化的身价和对外形象。

佛教的茶文化重"味"。佛教追求的喝茶境界是"禅茶一味"，坐禅犹如品茶，各人有各人的品味，各人有各人的修为，因而百茶百味，正如禅宗的拈花微笑，只可意会而不可言传。和尚喝茶，本来是为了防止坐禅时睡着。学读书人的办法，头悬梁、锥刺股，也做不到。和尚头上没毛，绳子挂不住，用锥子扎屁股，又影响打坐。还不能打哈欠，上厕所，那要多大的定力，因而需要有一种既符合佛教规戒，又能消除坐禅带来的疲劳和补充"过午不食"的营养。茶叶中含有各种丰富的营养成分，提神生津的药理功能，茶自然成了和尚们最理想的饮料。茶的所谓"三德"：一是有助于坐禅通夜不眠；二是吃得太饱时能帮助消化，轻神气；三是能抑制性欲，与佛家戒条刚好吻合。此外，中国禅宗的坐禅，是一个身体内机制大调整的过程，虽说不能把五脏六肺翻个个，但通过坐禅可以去除凡人的很多疾病和烦恼，能够长期失眠而不坏身体，说不定还能坐出舍利子来。喝茶还能够长寿，东晋有个和尚活到120岁，其长寿秘方是每天喝四五十碗茶。所以和尚讲究的五调，即调食、调睡眠、调身、调息、调心，像乌龟那样尽量减少体力消耗、减少新陈代谢，唯有喝茶对其有助益。所以，饮茶是最符合佛教的生活方式和道德观念的。唐朝时不像现在喝的冲泡茶，越喝越淡，唐代煎茶，茶是汤料，浓淡可以自己把握，估计当时和尚喝的茶都做得极酽，再加上姜、胡椒等刺激调味品，相当于兴奋剂。奥运会上因服用兴奋剂被叫停的运动员，要改喝唐代煎茶，估计尿液检查能过关。久而久之，和尚们喝茶喝上了瘾，茶叶便成了佛教的"神物"。

唐朝佛教盛兴，相应地便寺必有茶，教必有茶，禅必有茶；特别是在南方寺庙，几乎出现了庙庙种茶、无僧不茶的嗜茶风尚。开元年间，地处中国南北交界处泰山灵岩寺的和尚们，在大兴禅教的同时大兴茶事，对前来修学的人"学禅务于不寐，又不夕食，皆许其饮茶"，于是，修学者边学禅务边煮茶、饮茶，一些原来没有接触过茶的北方和尚学会了如何摆弄茶以后，把南方的茶和茶文化传播到了北方。此外，茶宴、茶道、茶祭等茶事活动，均起源于佛教。

茶，还随着佛教向海外传播，唐朝鉴真和尚东渡时，把茶带到了日本。

茶禅一味，这个味，没有修行到家时，是苦味。出家当和尚清苦，喝茶味道苦；等到修行到家了，茶禅一味的味也变了，悟出了道意味着小和尚当到头了，从而苦尽甘来。禅房里有个人包间，到时候想睡就睡了，谁也管不着。有女弟子或尼姑来，眉来眼去也有个私密空间；食堂里开小灶，没有荤食多加点油也是一种待遇；生活有人伺候，臭袜子、脏衣服再不用自己挑水自己洗；当到高僧、方丈，最好是当到哪个门派的衣钵传人，动动嘴就有不少俗家弟子送红包、送轿车。这时候，茶也变得苦中有甜，滋味无穷。

到这时，才悟出茶禅一味的真谛来，实际上就是茶禅一体。茶的味道原来也是可以随着生活和地位的变化而变的啊！

文人的茶文化重"雅"。唐代，是诗人辈出的时代，也是诗词曲赋、小说各种文学形式和音舞工美各种艺术形式并存、并发展到当时世界最高峰的时代。老子在《道德经》里大概说了这么个道理，凡是超过人体感官能承受极限的事物都是没法描述的，所以"大音希声"（声音太大了，耳膜也被震破了，反而听不见声音了）、"大象无形"（东西大得超过了目力所及，反而看不见其形状）、大智若愚（大脑太发达了，小脑没有了空间，这样的人反而看上去痴痴呆呆的）。在古希腊《荷马史诗》就是用这种理念来描写美女的。美女海伦被特洛伊王子帕里斯用甜言蜜语、海誓山盟忽悠到特洛伊王宫，在场的人无不被海伦的美貌镇住。荷马没法用希腊语尚不发达时代有限的形容词来描写海伦的美貌（毕竟那是三千多年前啊），而且"大美"可能"若丑"。讨巧的办法是通过在场人们的各种表情、反应，让读者（荷马是说书的，此处应为听众）自己去想象吧。如果文学是门技术的话，那么这就是绝活了。相比而言，中国文学家在描写同样一个美女的时候，多采用赋、比、兴中"赋"的手法。如宋玉《登徒子好色赋》——本来就是赋嘛——中的美人"增之一分则太长，减之一分则太短；著粉则太白，施朱则太赤。眉如翠羽，肌如白雪，腰如束素，齿如含贝。嫣然一笑，惑阳城，迷下蔡"。怎么看都像是在给美人定国标。到了唐朝，诗人们已经深知"兴"的魅力，并已熟练运用之。如白居易在《长恨歌》中，除了"天生丽质"以外，没有用更多的工笔画笔法描写杨贵妃的美丽，而通篇都是通过旁人的感受和行为描写其动人之处。

由此可见，文用曲笔，艺用曲线，这就是高，就是雅。

中国文人是茶文化的创造者、宣传者、传播者，同时又是茶的最大消费群体。茶，经他们用曲笔、曲线一忽悠，就沧海桑田，换了人间，转而有了精、气、神，成了精神文化产品。精神这东西有多大？雨果说：世界上最大的是海洋；比海洋大的是天空；比天空还要大的是胸怀。胸怀就是一个人的气度，是一种精神，精神的东西可真是"大象无形"了。茶，到了这个份上，其无形价值已经远远高于茶本身的价值。它就像倾国倾城的海伦，站在T字台上，台下的文人们调动诗词文赋、音舞工美各种手段去包装它、颂扬它，但总是无法相宜，真的遇上了登徒子的难题。在这种时候，大多数文人们只好选择放弃，或偶尔在茶友聚会时写一两篇茶诗作为应酬。此类应酬、应景之作的痕迹在唐诗里不难找到，如元稹的《一至七字茶》诗：

> 茶：
>
> 香叶，嫩芽。
>
> 慕诗客，爱僧家。
>
> 碾雕白玉，罗织红纱。
>
> 铫煎黄蕊色，椀转麴尘花。
>
> 夜后邀陪明月，晨前命对朝霞。
>
> 洗尽古今人不倦，将知醉后岂堪夸。

此诗文字一般，但形式好玩，纯属才子应景玩弄的文字游戏，以博得同行的几声喝彩。宋代苏轼的两首回文茶诗倒是与其如出一辙。还有以上两次提及的卢仝的《七碗茶诗》实际上是《走笔谢孟谏议寄新茶》的一部分。有朋友寄来新茶，无以为谢，写封诗体信表示表示，也是应酬之作。唐代天王级诗人李

◆ 李白《答族侄僧中孚赠玉泉仙人掌茶并序》诗意图（陈辉光绘）

白仅有的一首茶诗，《答族侄僧中孚赠玉泉仙人掌茶并序》，乃是喝了侄子的茶，不好意思付银子，留下一首诗，拍拍屁股走人。《全唐诗》四万余首，有关茶的诗作仅约六百首，只占1.5%，而且绝大部分为应景、应酬之作，如白居易《萧员外寄新蜀茶》、《谢李六郎寄新蜀茶》，柳宗元《巽上人以竹简自采新茶见赠》等酬谢诗，很少有为茶而茶之作。说唐朝是茶文化辉煌时代恐怕与此不成比例吧。不然。原因就是茶的大象无形，物极必反，让诗人觉得茶之道玄机深焉，奥妙多焉，不可说焉，所以无可道焉。也许，或者说一定吧，唐朝像李、杜、白这样的天王级诗人，在饮茶、品茶方面已达到物我合一的超然境界。茶可大象无形，我亦可大音希声；茶的境界无极，我亦可忘我无我，既如此，又何必留下我的痕迹？否则，如何理解以浪漫的饮酒诗出名的李白，以悲怆的咏怀诗出名的杜甫，以隽永的叙事诗出名的白居易，都没有在他们擅长的方面给后人留下有关茶的千古绝唱呢？

茶之雅，也许就雅在它近君子而远小人，食淡饭粗茶、扬两袖清风，清夜可以扪心，日久足以养廉，此谓清雅。也许就雅在它清淡平和，得茶之真谛，人生就与人无求，与世无争，一辈子快乐无比，此谓优雅。也许就雅在它的品饮本身就是门艺术，因此琴棋书画都与他结下不解之缘，此谓高雅。历代中国正统文人一生追求的人生境界就是这"三雅"，所以他们特别爱茶、敬茶、崇茶。

以上所说的都是骨子里的雅，精神上的雅。中国文人还有很多表面上的雅，即所谓文雅是也。同为喝茶，到了文人那里，就变得文绉绉的。有独饮、对饮、品饮、聚饮等方式，各有各的乐趣，各有各的作派。和三个和尚没水喝正好相反，喝茶是一人得神，二人得趣，三人得味。三个人喝茶味道最好。三个人中有一个异性味道更好。由此想到，如果三个和尚其中一个换成尼姑的话，那另俩和尚肯定抢着去挑水，连两人抬水都不会愿意的。本来七八个以上的人聚在一起喝茶（聚饮），七嘴八舌的像进了茶馆店，肯定是最不雅的，但到了文人那里，这种聚会被叫做"雅集"，而且人越集得多越雅，这不，一下子就把它平反了。当然，真正的雅集还不光是指人的集合，各人还要把各自珍藏的好茶（比如蒙山顶上茶）、好水（比如扬子江中水）、精美茶具拿出来，大家享用一下，一方面增进友谊，另方面收藏者志满意得。这叫分享式雅集。在更多的情况下，都是有个由头的。比如某先生最近从淘宝网上花巨资淘得一把好琴，邀请一些识货朋友、知音朋友、记者朋友以及附庸风雅朋友前来边喝茶，边听琴。这叫助兴式雅集。也有的听说圈内有人得了一样什么宝物，让他拿出来欣赏欣赏、比试比试，就像林冲进白虎堂比刀，实际上是高俅请林冲喝茶（开个玩笑），趁此机会大家"雅集"一次。这叫观赏式雅集。发现一处好景致，邀上三五好友，带上"都篮"（唐代盛茶器具），像魏晋隐士一样烹茶尽具，然后大家趁着茶兴吟诗作画，直到月照松间，露生苔石方尽兴而归。这叫旅游式雅集。有时候聚饮也不需要由头，只要组织者发出通知，某月某日某时某地，大家自备茶和茶具，自由发挥，表演自创茶道茶艺，展示自制茶产品，免场地费，免参观券。到时候自有很多参与者和参观者群集于此。只见他们神态各异，姿态万千。有闭目养神的,也有坐而论道的;有低眉顺眼的,也有凶神恶煞的,很像现代的行为艺术家。倒茶姿势则有白鹤亮翅式,拿大顶式,叠罗汉式,变戏法式等,很像当年的天桥把式。这种聚饮,为文人所不齿,因此文人不许它叫"雅集",至多只能给它个雅称:无我茶会。

可能盛唐以来最大的一次以茶为主题的文人雅集是公元2004年秋在杭州新西湖杨公堤举办的。来自全国的作家、诗人在此聚饮,再现当年群贤毕至,文人咸集的场景。杭州上百家茶馆派出最靓的茶艺小姐,拿出深藏不露的绝活,在此一展风华。同时,同业之间也有孔雀竞相开屏,在外人面前露一手的心态。似乎从未在公众场合露过面的几十个用斗笠遮着颜面,身披白色袈裟,疑似江湖大侠的怪客,膝上搁着一张琴。场地空旷,根本听不见他们是否在抚琴。倒是旁观者皆不敢与他们距离太近,生怕像功夫片《六指琴魔》一样,琴弦会像弓弦一样弹出,弹指间让人身首异处。后来才了解到他们是一家业余琴社的同门弟子。舞台上,有演员在清唱昆曲,只听她在一个韵母音上悠悠长长地哼了好几分钟,这时早把好不容易听懂的前半句歌词忘到爪哇国里去了。作家诗人们喝着免费午茶,来了兴致,写了一首又一首古今体诗上台朗诵。未到曲终,来凑热闹的观众已经散得差不多了,各茶馆店的茶艺小姐也已金盆洗手准备收摊。原来曲高就是和寡,想雅一把也并非易事。

唐代民间老百姓的茶文化重的是"乐"。中唐时代,茶一反常态又变成了一种奢侈品,其交换价值以黄金计算。玩茶的、喝茶的主要是皇家成员、达官贵人或社会名流。一般工薪阶层，哪怕是种茶的茶农，也是消费不起的，好比是现在的鱼翅羹、燕窝汤。价值高的原因在于产量少而需求多。当时茶产量主要控制在寺院手里。茶不是当年种当年就可产出的树种，哪怕是在南方气候宜茶处，也要有个3—5年才可以产出。最早发现茶的作用和价值的是和尚，所以寺庙捷足先登抢占了茶产量无名高地。又则，寺院在唐朝属上层建筑单位，和尚都是国家公务员编制。朝廷不仅不能要他们纳贡茶叶，反而要给以财政补贴支持他们把茶种好，免得向朝廷伸手。再则，茶是和尚的劳保用品，和尚每夜无眠坐禅是他们的工作，需要茶来维持这样的工作状态。一些佛事活动、慈善活动或社会公益活动都需要用茶，因此茶的消耗量是很大的，能够自给自足已是上上大吉，根本不可能拿出一部分来支援社会。之所以李白、白居易等收到几两茶都要写首诗回报，是因为他们知道茶的价值，也知道自己的诗的价值。

朝廷也知道从和尚那里搞到茶喝是没指望了，也不敢下行政命令，毕竟菩萨是不好得罪的。菩萨身边的工作人员也同样不好得罪，打狗也得看看主人。于是，只好另辟蹊径，在一些好茶的产区开发皇家茶园。当时的湖州顾渚因为生产紫笋茶而被列为朝廷直属产茶单位，另外如四川的蒙山、安徽的徽州地区、福建的泉州等则是纳贡单位。随着茶农劳动生产率的提高和茶园面积的拓展，茶农在上交了朝廷供茶后，自己还有富裕，拿出去卖不仅很有市场而且价值不菲。不少茶农赚了钱，成了地主，又雇人开辟新的茶园，甚至为流通方便，还建起了茶叶交易市场。白居易《琵琶行》中写到的那个女艺人的丈夫就是江西的一个茶商，经常到占当时全国茶叶销量1/3多的浮梁（景德镇）茶叶市场去进货，弄得女艺人像怨妇般和白居易初次相遇，就数落丈夫的不是：商人重利轻别离，经常让我守空房啦，一旦春尽红颜老，门前冷落车马稀，到那时我该怎么办啦，弄得白居易也不知怎么安慰她，倒赔了不少眼泪。福建泉州也是一个较大的茶叶集散地。因为泉州是当时的通商口岸，与东瀛的贸易都集中于此，出口贸易市场应运而生。而川藏一带，随着茶马古道的形成还出现了市场链。直到朝廷因为镇压安史之乱以及治疗战争创伤而掏空了国库，挖空心思寻找新的财政来源时，才猛然发现，哇塞，原来茶这个产业做得那么大啦！刮目相看之余，朝廷开始向民间收取茶税。那时为计算方便，所有的税都是什一税，即10%的税。唐朝到了肃宗以后的皇帝就显然一代不如一代。从宪宗开始，个个都是声色犬马、好大喜功之徒，武氏咒语不幸而得到验证。他们不仅破天荒地向茶收税，而且还把茶列为皇家专卖。茶农不得私自开荒种茶；已经开辟的茶园部分毁掉，部分转为国有。未经许可进行茶交易的视为走私；家里私藏茶100两以上的视为囤积居奇，两者按刑律均要处以死刑。这样一来，民间的茶少了，要凭券供应，皇家茶库存多起来了，多到皇帝和皇室成员随意用茶作为赏格奖励手下，作为礼品迎来送往。

大量老百姓的生计受到影响，一些先富起来的茶农也破了产。所以兴，百姓苦；亡，百姓苦。但中国老百姓的最好也是最坏的德行就是能吃苦，而且能苦中作乐。草文化的柔韧劲在老百姓身上表现得淋漓尽致。苦，又咋办？难，又咋办？生活还得继续。在苦难中的老百姓自有自己的乐子。

　　茶农现在都变成了皇家的雇农，耕者无其田，产者无产品，所有产出全部由国家统购统销。作为无产者的茶农还是在茶里找到了娱乐的感觉。斗茶，尽管盛行于宋代，但在唐代就已在茶农中流行开来。因为茶是贡品，所以需要严格的质量检测和卫生检测。茶农也因为想把自己的茶能卖掉养家糊口，所以自发组织起质量评比。质量评比的方式就是斗茶，当时叫做"茗战"。和英语的fight（战斗）不同的是，中国人的所谓"战"并非一定要拿着武器，要敌人性命。两个对手的游戏也可以叫做战，打口水仗叫做"舌战"，喝酒划拳叫做"拇战"，斗茶自然就叫做"茗战"了。斗茶最早于贡茶之地———建安（泉州）兴起。唐朝并没留下有关斗茶的诗篇或其他作品，而北宋范仲淹的一首《斗茶歌》描写的斗茶内容与斗茶现场情形想必与唐朝相似，不妨借来一用："北苑将期献天子，林下雄豪先斗美。鼎磨云外首先铜，瓶携江上中泠水。黄金碾畔绿尘飞，紫玉瓯心雪涛起。斗茶味兮轻醍醐，斗茶香兮薄兰芷。其间品第胡可欺，十目视而十手指。胜若登仙不可攀，输同降将无穷耻。"诗中可见，这种评比是民主评比，旁观者就是裁判者，都是行家，谁也别想蒙事儿。谁想作弊，就将被红牌罚下。这种竞赛是业务竞赛，输赢结果不一定就是买卖结果，但因为牵涉到个人名誉和产品信誉，参与者都很较真。这是生产者的游戏，起到一点提高劳作和生活质量的作用。同时也是种悲哀，是典型的苦楝树下弹琴———苦中作乐，从反面映照当时中国老百姓的苦闷和生活的韧劲。

　　说唐朝是中国茶文化的辉煌时代，其标志是什么？代表人

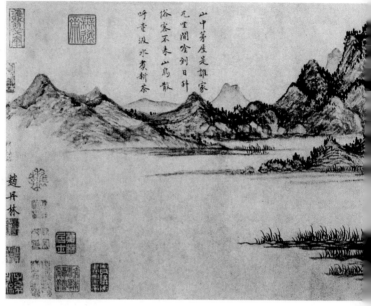

山中茅庄是谁家
无坐闲金到日斜
俗客不来山鸟散
呼童汲水煮新茶

◆ 陆羽烹茶图

物是谁? 得把历史推进到中晚唐, 才能回答以上问题。

　　公元736年, 复州竟陵(今湖北天门)龙盖寺方丈智积和尚在当地的西湖边领回一个年仅两三岁的流浪儿。问家在哪里, 叫什么名字, 为什么会流落到此, 小孩只会摇头, 表示一概不知。因为当时没有民政部门办的儿童福利院等机构收养流浪儿童, 而寺庙就是个慈善机构, 很多和尚背景都是被遗弃儿童。这个流浪儿就这样被好心的智积和尚收养了。孩子先得有个名字, 智积和尚取出《易经》自摸一卦, 占得"渐"卦。卦辞曰: "鸿渐于陆, 其羽可用为仪。"于是按卦词给孩子定姓为

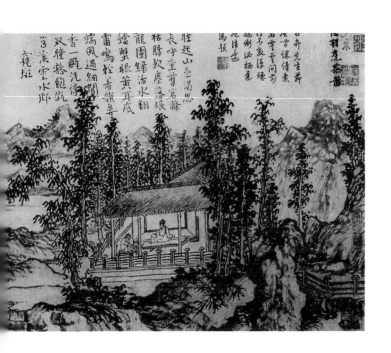

"陆"，取名为"羽"，以"鸿渐"为字。和尚没想到，长大后的陆羽就像他的名字一样，真的飞起来了，而且成了一千多年后的今天还在被人追捧的"茶圣"。

陆羽在寺庙里长大，跟师父学会了断文识字，学会了炊事，也学会了煮茶。智积和尚是个嗜茶如命的人，不仅自己爱茶，还经常聚集一些朋友品茶、评茶。久而久之，陆羽也摸到了茶的个中门道，煮出来的茶有时连师父都自叹不如。佛家戒规重重，陆羽觉得极不适应。在他12岁那年，流浪儿的天性再度萌发，某一个月黑之夜，他趁给师父煎茶，无人注意之际，越墙逃出了龙盖寺，再度流浪江湖。据说，他进了一个戏班，跟随戏班跑遍江湖，长了很多见识，也结交了很多朋友。由于从小营养不良，陆羽要长相没长相（丑陋、矮小），要口才没口才（结巴），但他很会以瑜掩瑕，长得丑，他就干脆演丑角儿，个子小但身手灵活反倒成了优势，说话结巴，也成了角色个性，他还用他那点文化把剧本改得很适合自己演出。

当戏子毕竟不是长久之计，陆羽耿耿于怀的还是小时候从师父那里学来的做茶的功夫，并想一辈子以此为生。时隔不久，他时来运转的机会到了。陆羽13岁那年，竟陵太守李齐物在一次聚饮中看陆羽的那个戏班子的演出，很喜欢这个男孩子有灵性的表演才能。于是把老板和陆羽都叫来，要老板同意陆羽离开戏班，说陆羽还小，脑子也伶俐，说不定能成才，就让他去读几天书吧。老板一百个不愿意，但胳膊拗不过大腿，还是同意了。

陆羽拿着李太守开的介绍信，来到竟陵城外火门山，师从邹夫子读圣贤书，研习儒学。这时礼部员外郎（教育部司长）崔国辅也贬官回乡，官场失意自然心情不好。陆羽拿出演小丑的工夫逗他开心，老崔和小陆两人结下了忘年之交。老崔是杜甫的诗友，当然自己也有两把刷子。陆羽得到这些名家的教诲指点，受益匪浅。

这样一晃就是十年，在这十年里，陆羽一直没有中断茶学研究。和老崔一起出去游山玩水，他的心思全不在山水之间。只见他一会儿摘叶，一会儿挖泥，一会儿卷起裤腿采集水样，把行囊装得满满的。老崔拿这伙计没辙，只好给他打下手。得陆羽，唐代·竟陵人，字鸿渐……

◆ 陆羽像（刘继卣绘）

到的回报就是这小子回去会给他沏碗好茶，给他逗乐子。

公元760年，安史之乱造成大批难民南逃。陆羽的流浪儿性格又发作了。他告别师长，决定继续过他的候鸟式生活，反正光棍一个，没有家小拖累，肚皮贴着灶王爷——人走家搬。他随着难民潮来到浙江湖州这个江南鱼米之乡。盛唐以来，人们已经过了上百年的太平日子，尤其杭嘉湖地区已经几百年未受战争侵扰，是当时中国极少有的安逸富庶之地。如今军阀重开战，受重创的依然是西北、中原地区，湖州仍是个人杰地灵、歌舞升平的世外桃源。这点，让陆羽感到很满意。他选择了今天的长兴县定居下来，并打算在这里安下心来著书。当时，他并不知道这书能不能出版，更不知道他的书出版后居然会引起那么大的反响，那么高的评价，甚至到了洛阳纸贵的地步（和我现在坐在电脑前的心情一样，陆羽同志）。

他摊开十多年来收集的茶叶标本、资料和写得密密麻麻的心得体会，磨得墨浓，蘸得笔饱，构思着他的论文。从哪儿写起呢？当时写文章，一般都采用赋的手法，散文式的结构，先写我，再写事、写人或写景，再写我对描述对象的看法、想法，最后发出感慨结尾。目的是让读者跟着我走，跟着我的感觉走，否则，就起不到文章的教化作用。除非该文是不准备发表的案头之作。开始，陆羽也是想这么写来着，但写第一个字就打住了。他自问：我？我是谁？我从哪里来？我又要到哪里去？想到这里，他将笔一扔，站到蓬窗前，举目望去。但见窗外一片郁郁葱葱的茶园。尽管茶树们身材矮小，仅一尺两尺，看上去经不起风吹雨打，但它们连成片，抱成团，却蔚为大观；

历尽霜雪，依然吐翠。这是一种怎样的力量？我，不仅要研究它们，更要向他们学习，和它们融为一体。茶就是我，我就是茶。于是，他兴奋无比，欣然命笔，写下"茶者，南方之嘉木也"，用茶的大我代替了个人的小我。当时的茶字，仍写作荼，从陆羽在《茶经》写下第一个茶字始，茶这个字才定型，一直用到今天。从此，陆羽才思奔涌，全文一气贯通，且意到笔到。

陆羽《茶经》是集茶史论、茶文化、茶科学、茶农艺、茶工艺、茶饮法、茶品鉴之大成的典籍之作。茶业界n行，行行都可以从中找到范例；茶文化n样，样样都可以从中找到渊源。从时间跨度讲，其上下三千年，从空间跨度讲，其遍及整个中国，这得益于他江湖流浪的岁月，得益于他从师学艺的经历，抑或是得益于他十年修学的心得？应该说是兼而有之，所以造就了他成为涉足自然科学和社会科学各个学科的杂家，同时又是茶学科的专家。按现代的标准，他是交叉学科的创始人，而所有学科都交叉于一个主题：茶。

一年多后，陆羽终于写成了洋洋万言的《茶经》初稿，当时年仅27岁，风华正茂。此后，就一直在外游历，想必是揣着书稿到处征求茶界朋友的意见，并进一步增进学问。传说中陆羽有一个红颜知己，女茶艺师李冶。最后两人有没有像童话的结尾一样：从此以后，他们住在一片茶园旁，过着幸福美满的日子。看来是没有，陆羽的流浪儿基因以及寺庙里度过童年的经历，按弗洛伊德的说法，一定潜伏于他的潜意识中，一碰到异性，这潜意识就要冲破门障，出来与理性意识打架。陆羽的意识世界里，前者的力量一定大于后者。还有种可能，就是茶喝多了，性欲受到抑制，不管哪种可能，反正陆羽放弃了婚姻，还是选择了浪迹江湖的独行侠生活。

直到十多年后，公元774年，陆羽才让他的作品付梓，其间他几易其稿，做到尽善尽美。《茶经》问世后，不仅使"世人益知茶"，陆羽之名亦因而传布。以此为朝廷所知，曾召其任太子文学（皇家图书管理员），太常寺太祝（皇家祭祀司仪官）。但陆羽无心于仕途，竟不就职。804年，陆羽老病，死于孤独。

现在我们可以回答开头的问题了。唐朝是中国茶文化的辉煌时期，其标志是一个辉煌的人物和他的辉煌的著作——陆羽和他的《茶经》。自陆羽以后，茶文化就涵盖了那么多的学科，成了一门综合性的学问。

一百年后，作为政治帝国的唐朝，随着军阀割据的又一次祸起，走上了穷途末路，南唐李后主为他唱起了挽歌：流水落花春去也。问君能有几多愁，恰似一江春水向东流。但作为文化帝国的唐朝，他的影响是深远的，茶文化也随着文化帝国的生命延续，走向了两宋。

第五讲

精致时代

宋 太祖赵匡胤在当皇帝之前，当过五代十国后周朝禁军中的特警队队长，官职大概比《水浒传》中的八十万禁军教头林冲大不了多少，赵匡胤应该武功也不在林冲之下，据说他还是三节棍的发明者，应属武侠小说中的大内高手，否则，如何能胜任后周世宗皇帝的贴身保镖。跟在首长身边容易做官，跟着皇帝更不用说了。不久以后，赵匡胤就顶替了原禁军司令的角色。周世宗死后，7岁的小皇帝继位，成了中国历史上又一个的幼童皇帝。当时国人没遇上过这种情况，觉得满朝文武向一个三尺孩童三跪九拜，山呼万岁很没面子。于是，军界和在野党的一种集体潜意识就是想要找一位英年威猛的将军来掌握国玺。五代十国是军人政权的更迭，所以都崇尚武力、推崇武士。不管从军人的资历（将门之子）还是当朝的权力（禁军司令）来讲，赵匡胤都是最合适的人选。和任何改朝换代的皇帝一样，赵的手下，有号称"义社十兄弟"的铁哥们。义社是赵一手组织的秘密帮会。这些哥们都是军人，而且都身居要职，且听招呼。他们事先放出风声：老赵可能要当皇帝了，朝廷正在讨论着呢。然后，编个调防令把

◆ 宋太祖赵匡胤像

老赵的军队调离皇宫。赵匡胤率大军到开封郊外陈桥驿扎营,赵匡胤不知是真喝醉还是根据"571工程"("武装起义")策划案的要求佯醉,那夜睡得特别早。而一伙事先喝了浓茶的家伙,以赵匡胤的弟弟赵光义为首,趁着部队集结,处于一级战备状态,这时又是营帐里的聊天时间,分头到各营帐游说。其说法大意是:当今皇帝那么个小屁孩,还是个不正宗的养子,倒差我们这些大人替他去当炮灰。大丈夫本来图个建功立业，为国效忠，可现在效忠的却是这么个刚脱了开裆裤的小东西，"功"字、"赏"字几笔几划都搞不清，还指望他来给你论功行赏？拉倒吧。哥儿们，倒不如趁现在将在外，君命有所不受的机会，把咱大哥拜做皇帝，掀了他丫的小皇帝的宝座。大哥不会亏待弟兄们的。士卒们中早有些眼线人物此时也开始起哄，把所有人的情绪都煽动起来。等到大家的情绪走向高潮，时间也到了凌晨。所有将士列队执戈待旦。赵匡胤此时揉着惺忪的睡眼，走出帐篷，看见那么多士兵站在帐篷外，做惊讶状，表示昨夜发生什么事一点也不知道。这时，赵的小兄弟和士卒们全体跪下，齐呼：群龙无首，拥护大哥当皇帝。哥儿们还把早已准备好的黄袍，披在赵匡胤盔甲外面，此时皇帝还没当，万岁的待遇已经体现出来了。

　　一穿上黄袍，并且得到众望，赵匡胤就顾不得再作秀了。他挥鞭一指，部队遂浩浩荡荡回师向朝廷（洛阳）方向挺进。途中，赵匡胤似乎想起什么，勒马对左右诸将说：你们跟着我不过是想由我出头，将来好论功行赏，有个荣华富贵。好，我且答应你们。但你们得一切行动听指挥，否则我不当这个皇帝。众将诺诺连声，表示愿意从命。赵匡胤当场宣布进城纪律，四个字：秋毫无犯。这一招果然深得人心，大军过处，百姓依然安居乐业，后周皇室安然无恙，小皇帝的辅臣们识时务，让幼帝先禅位赵匡胤。赵匡胤在当上后周皇帝的同时宣布改朝换代。兵不血刃，宋朝开始正式登上中国历史舞台，定都河南开封（汴京）。时年公元960年，正是纪元后第一个千年的尾声，当时的赵匡胤年仅36岁。由于他这个皇帝当得现成，就好比走进一户只有孤儿寡母的单亲家庭，当了个现成的老公和现成的父亲，现成地接管了这个家祖上和死鬼老公留下的巨额财产。所以这个王朝的开端，就缺少"将军拔剑南天起"的雄壮。缺少猛兽文化的掠夺性、侵略性，从而注定了他的牙齿结构和肠胃结构只适合咀嚼和消化草食。

赵匡胤尽管是一介武夫，但毕竟出生名门，长得一付白面书生模样，而且表里一致，也酷爱读书。反倒是读书人出身的梁山泊首领宋江长得黑不溜秋，像个武夫。真是人不可貌相，赵匡胤杀人无数，眉头都没皱过；宋江一辈子一共杀了一个阎婆惜，还是个女人兼小老婆,临了还惶惶不可终日，上梁山落草为寇。

赵匡胤在行军途中也带着大量书籍，有空读、抽空读、吃饭读、上厕所也要捧卷书读到腿发麻为止。尽管都是戎马倥偬，当代中国领袖留下了大量诗文，而古代的赵匡胤却什么都没留下，可见他的学问都留在他肚子里，形成一连串的阴谋，说好听点叫政治谋略。阴谋当然是不能说出来、写出来的，只能藏在肚子里。当不上皇帝，就让他一辈子烂在肚子里；当上皇帝了，则想怎么用就怎么用。

果然，学以致用的机遇在赵匡胤坐定江山一年后就来到了。禁军首领出生的宋太祖感到心里老不踏实，打江山时一起出生入死的哥们，尤其是结拜过的十兄弟，如今都成了当朝权臣，每天都在他身边转悠。因为是兄弟，平常也不大讲究礼数，这让知书达理的赵匡胤不太舒服。当初汉高祖刘邦当了皇帝后,一起打江山的这批弟兄们有点无所顾忌,在他的宫殿里喝酒、骂脏话、打架甚至随地小便,喝醉了拿出佩剑对着殿里的木龙柱撒泼,砍得龙体遍体鳞伤。老刘看不下去,请来儒家大师对这些没文化的小兄弟实行双规:在规定时间里学会规定的觐见皇帝等朝廷礼仪。不肯学的解职走人。于是,这批小兄弟们再也不敢和皇帝称兄道弟,胡作非为了。君臣从此有了天壤之别。赵匡胤手下这批兄弟素质要比刘邦手下那批社会闲杂人员好得多。恰恰因为如此,宋太祖才觉得更可怕。因为前者是一帮无赖,后者是一群人才。结拜时大家宣誓过:苟富贵,勿相忘。所以要这批人下台,除了让他们犯罪,一般是抹不下这个脸的。但赵匡胤那么多书不是白读的,他是皇帝级的策划高手。去年的陈桥兵变就是他一手策划的,用的是调虎离山、宣传煽动、笼络人心、欲擒故纵、杀回马枪全套策划思路。整个方案的实施者是他自己和如今成了他的清理对象的这帮小兄弟。如今他必须一个人策划,一个人实施一个新的策划方案。

这年(961)八月的一天,赵匡胤在皇宫设下宴席,像往常一样,请来这帮小兄弟。其中有现任的禁军司令石守信,陈桥兵变的时候,他担任内应;还有几个当了各大军区司令的,也应邀赴宴。酒过三巡,家常话也说得差不多了。这时赵匡胤令服务小姐退场,把门关上。然后一声长叹,道:"说实在,我真羡慕你们哥几个,各有各的地盘,各当各的家。皇帝这个差事不好当啊。你们信不信,这一年来我就没睡过安稳觉。"众人大惑不解,只觉得大哥话里有话,遂问其究竟。赵大哥话锋一转接着说:不过皇帝虽不好当,但终归天下唯我独尊,谁不想当啊。"

众人已经听出话里的味道，争先恐后地表示对大哥至死效忠的态度，有的甚至解开衣襟，做掏心窝子状。赵大哥摆摆手，示意大家不要激动，听他把话说完："我不是说你们会对我不忠，但我是过来人，你们手下那么多将士，要是哪天也像去年在陈桥一样，趁你还没睡醒就把件皇袍哗地兜你身上，然后一致拥戴你为皇帝。像你们大哥我这等定力的人都顶不住，你们难道还有谁比我定力更高？所以我担心的就是这个。"

这时哥几个完全听明白了，他们知道大哥的脾气，这时要敢翻脸恐怕立马会被早就埋伏在宴会厅各个秘密角落的刀斧手砍个稀烂。众人赶紧就地趴下，求大哥指一条生路。赵大哥看自己的策划已经成功，便宽宏大量地给众人安排后面的生活：交出军权，在军队里当个顾问，享受原待遇，爵位世袭。另发一笔高额离休费。赵匡胤说："各位跟我多年，我也是念大家劳苦功高，现在国家安定了，大家何不轻轻松松回家休闲呢？回家多学文化，养好身体，一旦战争需要你们还有用武之地嘛（后来的杨家将就是享受的这种待遇）。要换了我，第一个报名离休。"众人只好对着地板连声称诺。

赵匡胤的这个策划用的是现身说法、设身处地、恩威并施、以钱换权。方案的实施过程只是一顿饭的功夫，可谓天衣无缝。这就是赵匡胤高于其他武夫的地方，也是他能够当皇帝而别人不能的原因之所在。他的义社小兄弟们只识弯弓射大雕，永远只是他整盘棋局中的一颗棋子；将来的宋江也没能像李逵大呼小叫的那样去抢鸟皇帝宝座，因为他根本没有当皇帝的胆子，而只能听皇帝使唤，作了煮豆燃豆箕的荒唐事（镇压方腊起义。其实那时宋江完全可以和方腊签订城下之盟，反戈一击，夺取政权）。赵匡胤能够当皇帝，全凭他是个文武全才，艺高胆大；肚里藏得下计谋，出手则象铁砂掌，外伤看不见，内伤要你命；擅长以最小代价做成最大的事情。陈桥兵变和杯酒释兵权这两个皇帝级策划案例是千年以来在政治课、历史课、MBA课上和各类书籍上出现频率最高的案例之一。

赵匡胤的以己之心，度人之腹，是典型的幻想型疑心病患者。防家人如防贼，防群臣如防寇。国家管理体制也因他的这种疑心病被弄得就像一幅神秘拼图，怎么拼只有他自己知道。他把保卫首都和皇帝安全的禁军分为三个司，每个司的司令直接听命于他，他们之间越少来往皇帝就越放心。但这三个司令只能管人，不能管事，调兵遣将的权力归国防部（枢密院），而国防部又只能管事，不能管人，调兵遣将只能请示皇帝。兵员驻扎在各地，平时由林冲这样的教头对他们进行培训，当兵的不知道指挥官是谁。他们就像等候在那里的火车车厢，要出征了，不知哪里开来个火车头，喀嚓一声挂上钩，车厢跟着走就是了。指挥官也不知道自己带的兵是哪部分的，反正全凭皇帝一纸公文，某年某月某天赶到某地去报到，像租来一辆车，不问车况如何，眼睛一闭开着走就是了。这样的部队，哪有一点凝聚力，能打胜仗算是奇迹。只有一点好处，皇帝的疑心病因此略有好转，可以睡上安稳觉了。宋朝的政治体制也是一样，好像无数个火车头，每个车头只拉着一节车厢或者干脆没有车厢，从不同的地点和轨道向皇帝一个方向驶去。宋代汴京的繁华，和这种高度中央集权的体制大有关系。

五代十国在宋朝开国后还苟延残喘了几年，后来基本上都是赵匡胤用软硬兼施的策划方案使之得到和平解放。宋太祖得到了大江南北完好无损的江山，同时也将他梦寐以求的绝代美女兼才女花蕊夫人揽入怀中。一时间，老赵真感到春风得意，心想事成。

皇帝身边的女人，自然又成了史官们焦点猜测的对象，历代史官的不地道之处，就在于他们像现在的狗仔队，老是盯着人家的隐私。从他们的描绘中我们看到，花蕊夫人原是后蜀国皇帝孟昶的妻子，长得冰骨玉肌，冷艳凄美，琴棋书画无所不通。后蜀皇帝对她宠爱有加。宋朝拿下了后蜀以后，花蕊夫人成了战利品转手到赵匡胤名下。赵皇帝并没有把这位冷美人当作自己的战利品可以随心所欲，反而对其十分敬重，表现出十足的儒雅绅士风度。可惜可叹的是，这株美丽的罂粟花不适合在赵宋的土壤里生长。花蕊夫人入宋后在自己房间挂了一幅画，画上是一男子引弓待发的形象，此画竟成其死亡之谶。

赵匡胤50岁那年，和弟弟赵光义等人并带着花蕊夫人一起到开封城郊的皇家上林苑打猎。猎物在皇族们到来之前就安排好了，主要是兔、鹿、麂、雉之类的食草类奔跑或低飞动物。皇家猎队一到，号角齐鸣，几百条德牧、苏牧、边牧、金毛、藏獒等名种犬冲着受惊吓奔来跑去的猎物齐声狂吠。尚未开猎，一股充满血腥味的肃杀之气已经扑面而来。花蕊夫人怎么也想不到，今天她会同草场上的猎物一起被箭刺穿喉咙，永世留在这片她难以融入的土地上。狩猎开始了，男人们弯弓搭

◆ 花蕊夫人像

箭，对准猎物觑得亲切，一箭发出，猎物应声倒地，睁着眼，看着自己的血汩汩流出，渗入泥土。猎犬们围上来，对准它喉咙咬上致命的一口，让它死而瞑目，随后将其遗体拖回主人身边，摇着尾巴，向主人表功。这样血腥的场面让花蕊夫人看着很不好受。她想起在后蜀国的极尽豪华，然而优雅温馨的生活和此情此景格格不入；又想起自己生长的那片土地也像眼前的猎物一样再无复生的希望，不禁悲从中来。宋太祖看她脸色不好，以为她看不得这血腥场面，便劝她到别处走走。她嗯了一声，便骑着马向长满野花的草坡上走去。赵匡胤看着这位骨感美人那楚楚动人的背影，一股怜惜之情油然而生。突然，在花蕊夫人侧旁不远处，一只梅花小鹿飞奔而来，花蕊夫人还没来得及侧身看上它一眼，只听到背后嗖的一声，后颈顿时感到严重的压迫，一支利箭穿透了她的喉咙。她没感到痛，但已经不能出声，从马上仰天倒下，最后看到的是一片阴惨惨的天，感觉到的是一片湿漉漉的地。这一箭是从她的小叔子、赵匡胤的亲弟弟赵光义的弦上射出的。赵匡胤怒视着弟弟，已经悲愤得喊不出声来。赵光义这时也是一脸惊恐的表情，连声解释说是他失手，误伤了嫂子，还抹着泪连声呼唤："嫂子，你醒醒，你醒醒啊。是我瞎了眼，我罪该万死啊。大哥，你杀了我，杀了我吧！"这时候的大哥，已经完全没有了军人的英武，欲哭无泪，神情木然。

赵匡胤认定他的弟弟是想篡夺王位才下此毒手的，念及赵光义开国有功，赵匡胤再次想以惯用的软刀子来消灭这个不贤的弟弟。他把赵光义约到宫中，两人对饮。迄今没有人知道他们谈了些什么，只看见赵光义怒气冲冲从宫里疾步走出，和谁也不打招呼。待左右进入赵匡胤房间，只看见他手里握着把玉斧，满脸怒容。但这怒容已经凝固，此时的宋太祖已经气绝。宋太祖之死是个历史悬念。因为是悬念，所以说法多多。有的说是赵光义在酒里下了毒，赵匡胤一发火，毒性发作，致其死亡；有的说花蕊夫人是个女巫，早先在后蜀时，就听出了丈夫孟昶所写的《万里朝天歌》中的亡国之音，又在画里埋下伏笔，预示了她和赵皇帝两人都将被人暗算的命运；也有的说这是后蜀国阴魂不散，赵皇帝重色轻友以至招来个向大宋朝和自己报仇的克星。总之，史官笔下，皇帝身边没有好女人，只是花蕊夫人本身遭遇可怜，又是个才情横溢的女诗人，和他们算半个同行，总算动了点怜香惜玉的恻隐之心，使得花蕊夫人九泉之下未遭太多贬损。而未遭贬损也就不太出名。

赵匡胤死后三天，因为国不可一日无君，赵光义由一条他亲手铺设的无障碍通道，走向了皇帝宝座，是为宋太宗。历史总是惊人地相似。无独有偶，他和他的前任唐太宗一样（甚至有过之而无不及），同样犯了弑兄、乃至弑君的弥天大罪，但他也通过他的政治作为，封住了后代史官们的那张鸟嘴。他继承和发扬了兄长的治国既定方针，完成了赵匡胤未完成的统一国家的大业；进一步崇文抑武，完善了以科举举贤的人才选拔制度。全国上下形成了尊重人才，尊重知识的风气，以至两宋期间人才辈出，科学、文化、哲学达到中国鼎盛、世界顶峰；纠正了中国有史以来重农轻商的国民集体潜意识，以商业繁荣带动各行各业的长足发展，带动边贸、外贸的长足发展。

◆ 清明上河图（局部一）

　　让我们从这些概念的描述走出，看看当时的一个活的中国。当时的开封和杭州都是人口在百万以上的国际大都市（一千年以后的今天，这两个城市的人口并无多少增长），而同时期，诞生了《天方夜谭》和巴比伦空中花园的西亚两河流域最发达城市巴格达人口也不过30万左右。当时的开封城是一个不夜城，到处都是商店酒楼，不少是通宵营业的。据《东京梦华录》介绍说：开封城里，至少有70多家星级宾馆和酒楼（正店），如《清明上河图》中的刘家正店等，均装修得十分豪华，"飞桥栏槛，明暗相通，珠帘绣额，灯烛晃耀"。还有不计其数规模较小的所谓"脚店"（不是现在的洗脚店、足浴馆、足道馆。但如今的洗脚的"脚店"大都为河南人所开，是否有其渊源未经考证），主要经营各种特色小吃，如灌汤包、定胜糕、咸甜烧饼、油条、水饺、馄饨以及各种特色下酒小菜，如宋嫂鱼羹、东坡肉、肥鹅、烧鸡、猪头肉等。这些店通常为夫

妻店，老婆掌柜，丈夫掌勺，雇两三个小伙计跑堂或送外卖，如《水浒传》中的菜园子张青和孙二娘（为了牟取利润，不惜以不要本钱的人肉代替猪肉做包子）、蒋门神（被武松暴打一顿的那位）、朱贵（梁山泊的地下交通员）等开的就是这类店。这类小店在开封城三五步就是一家，"夜市直至三更尽，才五更又复开张"。星级饭店里，常常有数百名小姐坐台，"聚于主廊，以待酒客呼唤"；小"脚店"里，则"有下等妓女，不呼自来，筵前歌唱……谓之'打酒坐'"。餐饮业，尤其是夜宵餐饮业的发达，是因为有足够多的人口有此消费需求。开封是北宋的政治经济文化中心，高度的中央集权体制，造成了高密度的人口集散。各地的官员时不时要来京城为项目批文、财政拨款、编制预算等地方事项而"跑部前进"，或者为个人仕途、子女前程等来京城托熟人、找关系、请客送礼，孝敬中央干部。各地学子要千里迢迢来京城赶考。考得好的还要由皇帝面

◆ 清明上河图（局部二）

试，没准弄到个状元、探花、榜眼文凭，运气好的被皇帝招了驸马，再不济也得有个地市级干部待遇。这些人在京城一住就是几年。各地商人的货船把开封城内四条河道挤得水泄不通，来自江南、东南、华南、西南，凡是南方的土特产都能在这里得到丰厚的利润回报。宋朝的军队也主要集中在开封。宋太祖时代约有20万人，宋太宗时代就达到80万人，最多时达到120万人。当时的开封，年平均气温比现在高出3摄氏度，黄河水也没像现在那么浑浊到不堪使用，经常断流。人居环境应属上乘。但那么多居民、军队等常住人口以及那么多的外来人口，还不把开封这个城市挤坍了？解决矛盾的办法，就是以时间换空间，即延长可利用时间，把空间占有率分布到各个时间段，尤其是晚间时间段。有些白天不能显山露水的事确实需要在夜幕下搞定。晚上是娱乐时间，把白天的正经架子放下，换个轻松的环境，继续谈一些不宜在机关办公室谈的暗箱操作的细节

◆ 清明上河图中画得最多的要算茶坊，据说有二十余家。这是其中岸边的一家茶坊

问题，也通过"三同"（同吃、同喝、同玩）、"三场"增进友谊，加深感情。何谓"三场"？现在叫做戏院、书场的场所，那时叫勾栏瓦舍，坐在那里边喝茶吃饭，边看戏、边聊天是京城夜生活的第一场。有了这第一场的消费群，京城和各地的艺术表演人才汇成一股汹涌的人流在京城扎下根来。杂剧、清唱、傀儡、说书、杂技、皮影、相扑、相声，应有尽有。既给这座城市增加了情趣、活力和消费，也和所有人一起给京城留下了生活垃圾及其他排泄物。接下去是夜生活的第二场，该轮到小姐们出场了。桑拿房里的按摩小姐、美容店里的洗头小姐、足浴馆里的洗足小姐、KTV包间里的坐台小姐、酒吧里的陪酒小姐、赌场里的发牌小姐、青楼里的娼妓小姐，乃至像李师师这样的被皇帝包下的、或者像潘金莲那样的被有钱人包下的二奶式小姐都在晚上九点左右的第二场开场时粉墨登场。她们向四面八方涌来的客官打着骚眼儿，叫声心肝儿；端出糖果儿，奉上茶盏儿；拿出快刀儿，宰你个老官儿；弄得你没法儿，最后老老实实掏空皮夹儿（受北宋南迁影响，杭州话里"儿"化音来自河南话，这里所模拟的是南宋杭州官话，借用来做开封古话）。小姐们也来自各地，兼有消费者和被消费者双重身份。第一批来的赚了钱，写信让自己的小姐妹也下海。小姐读书不够，信里就几个字"此地人傻钱多，速来"。于是大批小姐应声而来，又增加了对这座城市的人口压力。第二场完，看看时间还不到下半夜，被小姐们折腾得有点乏、有点饿了，于是再继续第三场，就汇入到了上述小吃夜市的那番场景中。直到四五更，囊中银子撒完，方回店歇息，从而验证了一条公理：

需要决定存在。

开封繁华如此，杭州作为东南名城，经过唐朝白居易、五代十国吴越王钱镠、宋朝苏东坡等几代市长或帝王的治理、经营，与开封相比，更具有商业、金融、休闲和文化中心城市的性质。如果说，当时的开封是现在的北京，那么杭州就是现在的上海。而那时，上海还是个连小渔村都称不上的化外之地。同时，杭州从唐朝起，就是一个风景旅游城市。杭州与开封的繁华齐头并进，且因北宋败亡，南宋建都于此，其繁华又比开封多延续了一百多年。杭州自秦开埠以来，就是个远离天灾人祸的地方。好像老天特别眷顾，杭州从没有大的自然灾害，也没有屠灭性的战争经历。所以，杭州被称为人间天堂。意大利旅行家马可波罗将杭州称为"最美丽的天城"。"上有天堂，下有苏杭"，至今还是杭州无可替代的广告词。到南宋为止，杭州共有四百多座寺庙。杭州人不无骄傲地说："这说明菩萨是不会选错地方的。"至于杭州当时的城市文明，毋庸多费笔墨，北宋词人柳永的一首《望海潮》就是说明书：

东南形胜，三吴都会，钱塘自古繁华。

烟柳画桥，风帘翠幕，参差十万人家。

云树绕堤沙。怒涛卷霜雪，天堑无涯。

市列珠玑，户盈罗绮、竞豪奢。

重湖叠巘清佳。

有三秋桂子，十里荷花。

羌管弄晴，菱歌泛夜，嬉嬉钓叟莲娃。

◆ 与北宋同时期的辽代张匡正墓室中的壁画备茶图，表现了传统茶事的不同程序：
下方一人碾茶，一人吹火烧水；右侧男子躬身取茶壶，左侧两侍女手捧盏托上茶。

千骑拥高牙，乘醉听箫鼓，吟赏烟霞。

异日图将好景，归去凤池夸。

这么美好的生活场景谁不心向往之，谁愿意去亲手打破它？

宋朝实行的是文官政治，这是在比较彻底地废除了一千多年来根深蒂固的军人政治和权贵政治之后形成的新的社会政治体系。也怪，赵匡胤本人就是军人出身、权贵出身，但他却成了他那个阶级的异己分子。其动机是什么？可以有三种理解：一是他的疑心病太重，南瓜柄挂在别人裤腰带上他不放心，所以用计谋把军权完全掌控在自己手里，用科举海选人才的办法打压权贵，以毒攻毒；第二种理解是，他看到国家连年战祸造成的民不聊生，甚至千里赤地。痛定思痛，下决心以破旧立新的方法兴利除弊，更何况，他自己的实践证明，夺取江山也并非一定要血流成河，那坐江山为什么一定要走前人的老路，用打江山的武夫？第三种理解是两种动机在赵匡胤心里兼而有之。只要结果是一样的，人们更愿意相信赵皇帝是出于第二种动机，有点亲民主义的意思。还有，同样是文官，老赵为什么不从他的身边人，他的哥们中去选拔？他们中间也不乏文化高人，无论是出身血统，还是接受的教育都更为正宗。这就是老赵的高明之处了。老赵深知这两种人虽同为知识分子，但他们之间的区别犹如狗和猫之区别。从底层上来的知识分子，他们的思维是狗的思维：主人对我那么好，给我饭吃，给我睡暖和的床，还给我洗澡，用友善的态度对我，给我那么高的地位……他一定就是我的上帝；而权贵阶层知识分子的思维是猫的思维：主人对我那么好，给我饭吃，给我睡暖和的床，还给我洗澡，用友善的态度对我，给我那么高的地位……我一定就是他的上帝。如果您是皇帝，A和B您会选择哪一项？恐怕连思考都是多余的。

历史证明了赵匡胤的国策是正确的。在宋代后来二百多年中，出过许多不作为的皇帝，却很少有不作为的臣子；不少文职人员在血与火的抗击外敌战争中，成了将帅之才，如岳飞、范仲淹、辛弃疾等；相反，倒有不少皇帝却堕落成了胸无大志，玩物丧志的无用之人。最典型的就是靖康之难中的徽、钦二帝。

如果需要决定存在这条公理成立的话，那么，它的后半句就是我们通常所说的存在决定意识。宋代文人承包了官场里所有的官位，国人的意识形态也都跟着他们的感觉走。文人一当家，儒家意识形态就自然而然地占了上风。儒家一统天下，仁、义、礼、忠、孝、和成了一统的思想观念，中庸、忍让成了一统的行为准则，《易》、《书》、《诗》、《礼》、《乐》、《春秋》六经成了一统的教育和品德规范。草文化的柔韧劲再一次显示出它绵延不绝的战胜力。宋朝关起门来搞建设，国力不可谓不强。中国古代四大发明中的指南针、火药、活字印刷三大发明都出现在宋朝。如果换了汉武帝或唐太宗，早把指南针、火药作为国家防御或进攻的武器了。指南针不是卫星定位仪的前身吗？火药不是战斧、飞毛腿、爱国者等导弹的前身吗？但宋朝不然，他们把指南针用在看风水，把火药用来制造节庆烟花。一方面白白错失在冷兵器时代发展远程战略武器的机会，另一方面却办起具有现代化工业雏形的军工厂生产青铜时代的武器。宋代的建筑业已经达到历史高峰，出现了全世界最早的《营造法》，也就是建筑业国标文件，但建材却始终停留在秦砖汉瓦，木头石灰上，和当时发达的冶金工业没有丝毫结合。倒是因为举国皆好诗文，出版业畸形发达，活字印刷术倒大有用武之地。

北方游牧民族从汉唐以来第一次有了喘息的机会，再也没有飞将军李广、卫青、霍去病、颜真卿、郭子仪这样的军事强将来追逐、驱赶他们。他们可以定居下来，发展人口。人口就是战斗力。他们可以有时间慢慢思考用什么样的步骤蚕食大宋，入主中原。就这样，北方的狼慢慢长大，渐渐成群，形成气候，居然在中国的北大门外，同时有金、辽、夏、元四个王朝与宋朝并存。按秦始皇、汉武帝、唐太宗等祖师爷的脾气，卧榻之旁岂容他人酣睡。早在这些虏贼（当时对少数民族的蔑称）还没有抱成团的时候，就把他们的老窝给端了。然而文人不是这样想的。你在我门外要怎么的，建军也好，建国也好，我管不着，我们讲的是和；你要来骚扰我，我丢几块肉给你，每年送你个十万八万的，不过是我九牛一毛，我们讲的是义；你那儿人民需要我的茶、丝，我这儿需要你的马，咱们茶马互市，公平交易，礼尚往来，童叟无欺，我们讲的是礼；我是天朝大国，你是蕞尔小国，我且让着你，不是打不过你，而是怕两败俱伤，人民遭殃，我们讲的是仁。文人们相信，两军对垒，智者胜，仁者胜，不战而屈人之兵，乃是制胜最高境界。只有文人才有这种超现实主义的想法。久而久之，北方的狼发现宋朝这只大叫驴"止此技尔"，于是，扑上前去，"断其喉，尽其

吟徵調高鬁下桐
松間疑有入松風
仰窺低審含情客
以聽無絃一弄中
　　　臣京謹題

聽琴圖

◆ 听琴图（宋徽宗绘）

肉，乃去"。黔驴技穷的故事为宋朝的没落作了注脚。公元1127年，数万铁骑卷起沙尘暴，直奔中原而来。顿时，开封成了一座不设防的城市，宋徽宗、钦宗父子俩还沉湎在花鸟鱼虫中，就被铺天盖地而来的沙尘暴卷到塞外，成了靖康之难的两个皇帝级的受难者。北宋王朝没了魂，只好放弃京城，举国南迁。风水先生带着指南针对南京、杭州、绍兴作了战略地理位置分析，最后确定在杭州建立南宋首都。宋徽宗的九子赵构，本来是个地方官，不具备当皇帝的资格，但实在找不到可以顶替的皇子皇孙，国又不可一日无君。赵高推辞半天，没法子，只好当南宋第一任皇帝，号宋高宗。宋金南北划江对峙，国土分裂又一次成为现实。这不能不说是文人政治惹的祸。而且这个祸还得惹下去，越惹越大，直到最后被蒙古草原狼狠狠狠干掉为止。

宋朝是个畸形发展的社会，军事上的弱势是给赵匡胤自己折腾出来的，经济和文化却绝对处于强势地位。这种现象历史上很少见，就像一个白痴天才，脑细胞发育不均衡。本来文人满京华，都是皇帝的打工仔，当皇帝的得斯人独醒，至少也得被窝里放屁——能闻（文）能捂（武）。宋朝的问题在于皇帝一代比一代能文。北宋末代皇帝宋徽宗，其本人是个艺术奇才，只要是艺术类的，玩什么像什么。玩书法，他玩到自创瘦金体；玩画画，他画的工笔花鸟画，为当世绝品，现在则在书画拍卖会上卖天价；玩茶，他不仅是茶的品鉴专家，还是茶艺高手，玩出了境界，还出版了一册茶书——《大观茶论》；在棋、琴方面的造诣，让京都名妓李师师这样的专业人士都对他佩服到五体投地。如果他是个普通人，凭他的艺术天分可以让他流芳千古。但可怜生在帝王家，他的艺术天分却毁了他，他没有干好皇帝的本职工作，整天沉湎于雕虫小技，最后成了亡国之君，于是留下了千古骂名。

　　文人的文风，是当时社会风尚、风气的一个缩影。宋朝的阶级划分跟以往社会不同，不是按有产者和无产者来划分的。而是按有文化还是没文化，文人还是武夫来划分的。要论有产无产，除了像被鲁智深一脚踢到粪池里的张三李四这样的泼皮无赖以外，连武大郎这样卖烧饼的都是置得起房产，买得起老婆的人。从《水浒传》中可以看出，武人一般都没文化，所以阶级地位较低，哪怕到了梁山当土匪，也是晁盖、吴用、卢俊义这样有点文化的人主持工作。宋江更不用说了。而鲁智深、武松、李逵这样的主，尽管可以三拳打死郑关西，可以赤手空拳打死老虎、可以抡起板斧劫法场，但总是狗肉一盘，不上台面。宋朝是个有产阶级和中产阶级占了人口大多数的时代，他们有条件过一种精致的生活。精致就是这个时代的文化特征。

　　宋朝是词的时代。词，从唐朝开始就已经在文人中流行。不过那都是案头之作，不大拿出来发表的。"诗庄词媚"，同一个人既公开发表诗，又在非正式场合写词，其诗格和词格甚至是可以完全背离的。词的风格大都比较香艳，内容多和女人有关。相思之苦，思春之痛是其主线。估计唐代诗人在两种情况下才写词，一是酬唱。因为词是用来唱的，词谱一般都出于歌妓之手，其风格相当于现在酒吧、茶馆里的靡靡之音，所以内容也不可能慷慨激昂。三两朋友相聚，叫上一桌菜，一壶酒，唤来一名歌伎伴宴，犹抱琵琶半遮面，这边浅斟，那边低唱。喝到兴致上来，就要求点歌。词谱是程式化的，就像京剧里的二黄、西皮、流水等。填词，就相当于行酒令，在座者几分钟后，就你一首，我一首地完成了。专业水平好的歌伎，看上一遍，就能吟唱。听着自己的作品被莺啼鸟啭地唱出来，特别地受用。二是意淫，美眉的白肉和春睡之态，让作者不惜笔墨。唐代诗人温庭筠一口气就写了十几首这样色迷迷的词作，如："小山重叠金明灭，鬓云欲度香腮雪。懒起画蛾眉，弄妆梳洗迟。照花前后镜，花面交相映。新帖绣罗襦，双双金鹧鸪。"老温肯定在该美眉对面楼上租了房子，用高倍数望远镜整天窥视美眉的一举一动，否则，怎么会描写得那么细腻。温庭筠等18人被称为花间词人，遣词造句、格式音律极为精致，精神方面却有花疯花痴花颠之嫌，在唐朝（晚期）这派文人仅属于个案，但到宋朝得以派生。

宋代的社会风气是追求现世的享乐，生活的精致。因为唐朝留下的物质文化遗产足够享用，所以不必去创造什么了。所以宋人对前朝的东西所取的态度是拿来主义，经过精致的包装以后再卖个高价。就拿词来说，词为诗之余（朱熹语）。这五字可以有几种理解，一是专业诗人在业余时间才写词；二是词的长短句是诗的变格；三是诗发展到一定阶段就变成词。如果说宋词在哪些方面发展了唐代词的话，那么就是宋词已经走出私人空间，走向了社会，并且将小令化的唐词经过不断填充改革而成长调慢唱；风格也随之多样化，不再局限于描写私生活。宋词的生成环境，早先也是在酒楼、茶肆、妓院（相当于现在的夜总会，小姐卖艺不卖身的），就像现在的北京三里屯、后海，是流行歌曲和歌手的摇篮。客人可以点歌。点歌的方式是翻词牌，如西江月、菩萨蛮、忆秦娥、水调歌头等等。一些老词老曲被听厌了，市场需求新的作品，于是应运而生一批词曲写手，专业研究、开发、创作新的歌曲。柳永就是其中的一个。因为柳永之流平时就混迹于这些场所靠山吃山，故为正统文人所不齿，视他们为另类。但柳永他们走的是通俗歌曲的路子，将文化产品市场化，显然是柳永们的强项。《全宋词》收录词人一千三百多，词作两万多，上百种词牌，唐代词与之相比只是一个零头。通俗作者乃至无名作者称得上是宋词的巨人肩膀，站在这个肩膀上的就是文人词。文人词作家的主要阶级成分是官场文人。宋朝如果成立文联的话，皇帝肯定会抢着当主席的。因为历任宋朝皇帝都是高雅艺术的高级票友。上有好者，下必甚焉。臣子们更是趋之若鹜。王安石是宰相诗人，寇准、欧阳修是大臣级诗人，苏东坡、范仲淹等都是司局级诗人，岳飞、文天祥、辛弃疾等是将军级诗人，陆游、朱熹、李清照等是专业文人诗人。他们的特点是诗词曲赋、书法绘画样样拿得起。黄庭坚、苏东坡、米芾、蔡襄居然既为诗人，书法也雄踞于世，合称四大家，而且多产高产。朝野上下舞文弄墨，《全宋诗》的容量竟比《全唐诗》高出四倍！

　　文人不是武侠，本无门派之分，但明朝有一个教书先生，硬是把宋代诗词（人、风）分成婉约和豪放两派。可惜两派派中人谁都不知道掌门人是谁，本门有什么《葵花宝典》之类的秘籍藏之名山，生活年代、生活地点也不在一起，没有结盟，没有纲领，何来派哉？文人是最讨厌把他归到哪一派的，张扬

宁可食无肉，不可居无竹。东坡诗
我斋无去竹，尚有书可读
甲子年中秋作北京　兆和

◆ 苏轼像（蒋兆和绘）

个性就是文人的个性。情况无非是，词的老祖宗是后唐前宋的那个性感词作家温庭筠。他给词埋下了很多格律音律方面的伏笔。长期受儒学熏陶的宋代文人并不愿意突破它，反而更乐于在它设置的窠臼里字雕句琢，进一步追求格律音律之完美，这是宋朝人们喜欢的玩法。这是一门手艺，是手艺就可比高低，比谁玩的精致。所谓婉约词派的诗人们不过是这样性格的一批人。在这场文字游戏比赛中，确实出了不少高手，好句子留下不少，但好的篇章却不多，这叫"有句无篇"。说到所谓豪放派，其名单上就只有两个人，一个是北宋的苏轼，一个是南宋的辛弃疾。他们在宋朝文坛一片绮丽奢靡文风中，简直是单刀赴会、笔战群儒的英雄。

苏轼，在文学上是个奇才，在官场上却是个留级生；天马行空，独往独来的性格，却讨了个有狮吼功夫的老婆，经常弄得他在朋友面前下不来台；一生好酒好肉，煮好吃完东坡肉，袖口擦一下满嘴满须的油腻，又跑到龙井山上和辩才和尚一起煮茶论禅。苏东坡的血型估计是O型，他那种不拘小节、不受束缚、不落俗套的性格成全了他成为名垂千古的大诗人。他诗词中的万丈豪气，时空魔幻式联想和排山倒海式比喻是他老苏的专利，谁也学不去。比如《浪淘沙》（大江东去）、比如《水调歌头》（明月几时有）、比如《江城子》（十年生死两茫茫）。另一方面，他的这种性格也害了他，因为这种个性的人最管不住的是自己的那张嘴。祸从口出。话说多了，尤其是凭他在政治上的弱智乱说话，自然会招来无妄之灾。苏东坡在杭州当市长，总算杭州还是个好地方，后来因那张嘴招灾惹祸，皇帝干脆把他发落到边远一点的广东去，让他到那里话也听不懂，东坡肉也吃不成。没想到这老顽固不汲取教训，这时嘴不派什么其它用场，就用来狂吃荔枝。吃就吃了呗，他还要多嘴，说"日啖荔枝三百颗，不辞长作岭南人"。传到皇帝耳朵里，皇帝拍了桌子：好你个老小子，把你说话的嘴堵住了，你倒把吃饭的嘴撑大了，在那里享受起生猛海鲜、时鲜水果来了。老子再把你送远一点，叫你连吃饭的嘴也给我闭上。再往南送，就把苏东坡送到了海南，最后终老于此，终于闭嘴。估计他要再不闭嘴，皇帝就要把他发配到西沙、南沙群岛去和海龟做伴了。

其实苏东坡在政治上有点落后，生活上对自己还挺高标准、严要求的。在文化上，他绝对是先进生产力的代表。杭州人至今还受用着苏东坡留下的"三大件"：苏堤、东坡肉、提梁茶壶。

从上述这出宋朝历史剧中可以看出，茶这样东西，一直在帝王将相、才子佳人、市井小民等大小角色身后如影随形。茶，到了宋代，比唐朝更进一步成了大众消费品。在茶业经济极为发达的基础上，宋朝朝野形成合力，把茶文化推向了鼎盛。茶文化伴随着宋代的整体文化风尚、风气，进入了精致化时代。

宋人的茶，基本沿袭了唐代的做法，也是团饼茶。唐代留下的制茶厂，设备不用废弃，工艺不必改进，牌子不必更换，资产不必转移，就可以完全拿来为宋代所用。而且随着朝代更替，这些茶厂都变成百年老厂，质量、品牌广告费也因此省下不少。但是，一点不改，不足以体现改朝换代之进步。宋朝在茶方面的改革，用换汤不换药来比喻是最贴切不过了。团饼茶的内容是不换的，但团饼茶的样式是要换的。所以宋朝生产的团饼茶，不像唐朝团饼，除了圆饼一块，就是一块圆饼。宋朝的团饼茶，花样可是多了去了，有长的、有方的、有菱形的、多边形的、椭圆形的、长圆形的，甚至还有人形的、动物形的。宋朝的模具加工一定比唐朝发达，专业的制作商可以根据客户需要来样加工茶饼模具。宋朝的茶叶加工技术也一定比唐朝发达，茶团饼除了各种形制外，还有或阴或阳各种花纹，以龙凤花纹为主，故称龙团凤饼。茶叶蒸得不到火候就捣不烂，捣不烂或捣得太烂就粘性差，粘性差了纹饰图样就压不出，压出了也粘不牢，这里面讲究大了。直到现在，要在5到10厘米见方的茶饼上用浮雕形式或木刻形式做出龙、凤、八仙、花鸟鱼虫等图案纹饰，技术上还没有完全突破。龙团凤饼不仅精致，而且充满文化意味，除了可饮用外，还可以鉴赏、收藏。

俗话说，一副象牙筷子，配穷一大家子。说的是这家人有了一副象牙筷，就要为它配上金边细瓷碗，进而要配上红木餐桌椅，要配整套的红木家具，要配金丝银线的衣冠，要配雕梁画栋的房子……配到死、配到子孙也配不齐，而究其源头，不过一副筷子而已。宋人把茶饼做得那么像艺术品，那么在饮用它的时候，一副配套的行头也自然不能马虎。有个笔名叫做审安老人的茶人出了一本《茶具图赞》，把宋代喝茶用具归总为12件，号称"十二先生"，并将其拟人化，赐予姓名和字号，冠以官名。这12件茶具是：

1. 韦鸿胪（茶笼），名文鼎，字景旸，号四窗间叟。烘具

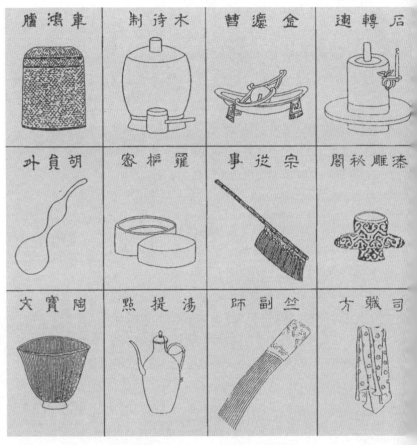

◆审安老人茶具十二先生

兼储具。其姓"韦"，指其质地为竹制。名、字、号，示其器物形质。官名"鸿胪"，为"烘炉"的谐音。鸿胪即为秦汉时的礼宾司司长。

2. 木待制（臼、槌、杵），名利济，字忘机，号隔竹居人。碎茶用具。姓"木"，示质地。官名"待制"，为当时的候补官员。

3. 金法曹（茶碾），名研古，字仲鉴，号雍之旧名。姓"金"指其质地。法曹，指其在一条槽内运转，循法守矩。

4. 石转运（茶磨），名凿齿，字遄行，号香屋隐君。其姓指质地。名、字、号则表示其形制和运作特征。官名运转，取自唐宋两代掌管物资运输的官衔转运使。

5. 胡员外（瓢），名惟一，字宗许，号贮月仙翁。姓"胡"，为葫芦的谐音。名、字、号示其形制。官名员外为唐代各部副司长的称呼。

6. 罗枢密（罗合），名若药，字传师，号思隐寮长。筛茶用具。姓"罗"，表示网筛为罗绢质地。官名枢密，谐音"疏密"，喻网筛形制。宋代枢密院即国防部。

7. 宗从事（茶帚），名子弗，字不遗，号扫云溪友。扫茶洁具。姓"宗"指这一器物质地为棕。从事，是汉代官名，相当于市长助理。

8. 陶宝文（茶碗），名去月，字自厚，号兔园上客。宋代著名茶具兔毫建盏的戏称。姓"陶"指器物质地。名、字、号指产地福建建窑及产品兔毫盏。

9. 汤提点（茶壶），名发新，字一鸣，号温谷遗老。煮水用具。姓"汤",指热水。名、字指点茶后的茶色和水沸时的声音。"提点"是宋代的司法官名,其称呼正好与点茶注水动作相符。

10. 竺副帅(茶筅),名善调,字希点,号雪涛公子。点茶用具。姓指其质地为竹。名、字、号意指茶筅功能和点茶时泛出白色茶汤现象。

11. 司职方(茶巾),名成式,字如素,号洁斋居士。用于清洁茶具。其姓指其质地为丝。名、字、号意为洁具。"职方"为唐宋国防部参谋的官名。

12. 漆雕密阁(茶托),名承之,字易持,号古台老人。复姓漆雕,示其质地。名、字、号皆指其托盏功能。密阁为宋代官署名和官名,相当于国家图书馆及其馆长。

只有宋代文人才有这种雅好,把十多件质地平凡的用具变成像戏班子一样生旦净末丑行当齐全,而且冠之以官名,好像茶是皇帝,文武百官列队为它提供服务。这些在唐朝就已经差不多齐全的茶具,到了宋朝手里,居然改换门庭,一个个都得以封官许愿。这些器具有得官做,自然臣服,不惜自身挨打受磨难,也要为龙团凤饼效忠尽职。另外也可能审安老头这样做法带有戏谑成分,一是为好记,二是内心不平的折射。他肯定一辈子没当上官,便拿官来出气。在做茶时把官名呼来唤去,敲敲打打,以解心头之郁闷。

有那么艺术品似的茶,有那么多官居要职的茶器具,要喝到这碗茶,不免诚惶诚恐,恭敬如仪。宋代人喝茶的方法,叫做"点茶"。用木待制将茶饼敲碎,然后放到金法曹中将其碾成粗末，再用石运转将其磨成细末，还要用罗枢密筛上一遍，放置一边备用；同时用胡员外将净水舀入汤提点，在韦鸿胪上将其加热煮沸，然后在茶桌上列好陶宝文，下托漆雕密阁，将茶末置于陶宝文中，然后高提汤提点，将沸水高冲入茶碗，边冲边用竺副帅来回击拂，这时茶汤面上泛起一层白色汤花，实际上是茶碱的作用。点茶过程其实就像冲一碗芝麻糊。从这里可以看出宋代点茶和唐代煎茶不同的是，唐代煎茶是煮水又煮茶，宋代点茶是煮水不煮茶。点茶过程结束，茶就能喝了。先别急着喝，还要斗茶呢。汤花在茶盏里浮游，呈现出各种花纹。这些花纹，就是斗茶，也就是茗战的载体。花纹构成的图案，很像一幅幅书法或国画，所以被誉为"水丹青"。参赛者可以拿着竹筅凭功夫调出字画来。据说功夫佳者可以调出"白日依山尽，黄河入海流"等句子来。比完水丹青功夫，接着比汤花咬盏功夫，也就是比谁的汤花在茶面上坚持时间长久。决出胜负后，这茶才能悠然自得地喝下去。此外，与之配套、个人收藏或创新的团饼茶以及茶具（茶盏分黑釉、酱釉、青釉、青白釉四种）都可以拿出来摆擂台、比输赢。试问，世上还有什么娱乐项目比斗茶更有文化含量，更有艺术境界？世上还有谁比我们的宋朝老祖宗更玩得精致、玩得高雅？故此，宋代点茶被现代茶学家称为"浪漫派的点茶法"。

　　宋朝的皇帝带头成为茶的玩主。宋徽宗在《大观茶论》中以二十篇文章介绍茶文化，其实就是他个人玩茶的心得体会。唐代的皇帝好金银器，所以宫廷茶具都用金银打造。但从审美的角度讲，金银这类重金属质地的沉重感总是和茶的温和性

◆ 宋人斗茶图

情有点不相吻合。而宋朝的皇帝都是右半脑发达的文人，讲究的是一种审美的情趣。他们发现，瓷器的质地更适合用茶，一来瓷器和茶一样都来自于泥土；二来瓷器的制作可以更随心所欲，更容易发挥艺术想象力；三来瓷器比较脆弱，更具女性化特征，让人产生怜惜之感。皇帝的爱好是生产力发展的动力。宋朝的瓷窑延续了唐代越州窑的光荣历史，发展为官、定、哥、汝、钧五大瓷窑，成为宋代茶文化的鼎力之助。从此以后，瓷器（China）成为中国的代名词。皇帝好这口，臣下百姓更是以此为荣，以此为乐了。可以说宋代茶文化是中国古代的精英文化和大众文化的综合体现，是雅俗共有之文化。让我们看看茶在开封和杭州这两个当时的国际大都市里表现如何。

　　孟元老《东京梦华录》是当年开封的城市观光手册，其中写道，北宋年间的汴京，凡闹市和居民集中之地，茶坊鳞次栉比，如潘楼东街巷的茶馆："潘楼东去十字街，谓之土市子，又谓之竹竿市。又东十字大街，曰从行裹角，茶坊每五更点灯，博易买卖衣服图画、花环领抹之类，至晓即散，谓之鬼市子。……归曹门街，北山子茶坊内有仙洞、仙桥，仕女往往夜游吃茶于彼。"这就是说，在这一带除白天营业的茶馆以外，还有一种专供仕女夜游吃茶的茶坊和商贩、劳动人民拂晓前进行交易的早市茶坊。这种"鬼市子"茶坊，不只"至晓即散"，实际上也是一种边喝茶边做买卖的场所。而北宋开封茶馆，多数当如孟元老所记的朱雀门外的茶坊那样："出朱雀门东壁，亦人家，东去大街、麦秸巷、状元楼，余皆妓馆，至保康门街。其御街朱雀门外，西通新门瓦子以南杀猪巷，亦妓馆，以南东西两教坊，余皆居民或茶坊，街心市井，至夜尤盛。"这一带的茶馆，大都是从早开到晚，至夜市结束才关的全天经营的茶坊。

而当时的大上海——杭州呢。用西方人的眼光，把当时的杭州描绘成世界上最美丽豪华之"天城"的，是马可波罗。中国古代南方帝王在杭州建都的历史要早于南宋几百年，马可波罗记录经济上最富庶、科技上最先进、生活上最丰盛的中国之前一百年，苏东坡就已经在杭州建苏堤、开运河、建陶瓦地下供水管，更办了中国第一所公立医院了。当时的杭州城，城外环以高墙，城内有河道，河道上架了桥梁相通。夜晚，城里的夜市常营业到凌晨二三点。夜市里绸缎、刺绣、扇子、食物摊贩延绵不断。各式各样的点心糖果贩子，还会利用特殊广告技巧——赌博、戴面具的人、载歌载舞的方式，来吸引购买者。

杭州的城市观光手册，宋朝吴自牧《梦粱录》写道："盖人家每日不可阙者，柴米油盐酱醋茶。"自宋代始，茶就成为开门"七件事"之一。《梦粱录》卷十六"茶肆"记："今之茶肆，列花架，安顿奇松异桧等物于其上，装饰店面，敲打响盏歌卖，止用瓷盏漆托供卖，则无银盂物也。夜市于大街有东担设浮铺，点茶汤以便游玩观之人。大凡茶楼多有富室子弟，诸司下直等人会聚，司学乐器、上教曲赚之类，谓之'挂牌儿'。人情茶肆，本非以点茶汤为业，但将此为由，多觅茶金耳。又有茶肆专是王奴打聚处，亦有诸行借买志人会聚行老，谓之'市头'。大街有三五家靠茶肆，楼上专安着妓女，名曰'夜茶坊'，……非君子驻足之地也。更有张卖店隔壁黄尖嘴蹴球茶坊，又中瓦内王妈妈家茶肆名一窟茶坊，大街车儿茶肆、将检阅茶肆，皆士大夫期明约友会聚之处。巷陌街坊，自有提茶瓶沿门点茶，或朔望日，如遇吉凶二事，点送邻里茶水，倩其往来传语。又有一等街司衙兵百司人，以茶水点送门面铺席，乞觅钱物，谓之'齚茶'。僧道头陀欲行题注，先以茶水沿门点送，以为进身之阶。"

不仅如此，这些茶馆还搞活经营，在不同季节卖不同的茶。冬天兼卖擂茶或盐豉汤，暑天兼卖梅花酒。

杭州是南宋的首都，也是个生活条件和休闲条件高度一致的城市。如果编一本《现代梦梁录》的话，可以收录的各种档次的茶馆有七百多家，还有上千家的农家茶肆。茶馆一般文化档次较高，茶馆老板多为下海文人，除喝茶以外，还兼古玩鉴赏交易、卖书刊杂志等。茶点采用自助餐形式，装修格调普遍比较高雅，如湖畔居、和茶馆、青藤茶馆、门耳茶馆等，一般是朋友会面、商务会谈、情人幽会的场所；农家茶肆则分布在龙井、梅家坞、茅家埠一带，属休闲茶座类，客人可以在此大声吆喝，随地抛撒瓜皮果壳，捋起袖子裤腿，麻将、老K摔得山响，饭点到了还有农家餐供应，这种场合比较多地是家人、朋友、牌友、麻友休息日一聚，轻松娱乐一天。

杭州不仅是南宋的首都，也是中国茶的首都。杭州是中国第一名茶——龙井茶的故乡，以至世界申遗组织的老外们一定要看到龙井茶和西湖捆绑在一块，才肯接受申请。几乎所有国字号的茶业机构和茶文化机构都设在杭州。地处龙井山顶的龙井山园，把龙井茶文化从源头做起，恢复唐宋元明清以来所有的制茶喝茶方式，韩国、日本人做了多年没有做成的事，在这里做成了。杭州的茶馆把产业做到全国各地，连出产碧螺春的苏州城里，茶馆老板也多为杭州人。南宋的茶风、茶俗、茶文化遗存在今天的杭州被发扬光大。由此派生的休闲之风浸透到世世代代杭州人的骨子里。他们对休闲文化的创造能力几乎是与生俱来的。是杭州人把休闲文化推向了极致。流行于全国的扑克牌游戏三扣一、双扣是杭州人发明的。只有杭州举办过以体育运动委员会组织的麻将大赛。杭州人在餐饮业方面融贯全国各菜系，形成独特的杭帮菜，走向全国、走向世界。杭州人开的茶馆领全国茶馆业风气之先。杭派女装借着"秋水伊人"、"浪漫一身"等好听的名字在全国的服装业中独领风骚。

杭州也是个移民城市，从南宋开始，来自北方的移民，明清时期来自徽州的移民和来自绍兴的移民都对杭州这个城市文化产生了深远影响。但在南北文化融合过程中，杭州人固有的那种皇城人气派还是起到了一定的积极作用。事情不做到最好，外来的东西不拿来最好的不罢休。今天的杭州人就是以古典的精神和文化底蕴做现代的事情，吸纳、改造外来文化，形成自己独有的城市文化，近年来创举多多，动辄造成全国影响。许多僵死的东西在杭州这块土地上被救活了，而且成为了当今时尚。

查一下中国地图，成都、武汉和杭州处在同一纬度——北纬30度上、成都的茶文化和由此派生的休闲文化特征比杭州更有俗趣。茶馆茶座不仅座无虚席，而且喧声震天，结合掏耳、拔火罐等江湖郎中把式，把茶文化搞得热热闹闹，富有生活气息。而武汉三镇早在清末就已经有茶馆一千三百多间，比杭州现在的茶馆数量还多一倍。这里是洋务运动中军工产业的中心，洋人顾问为数甚多，其喝茶方式也中西合璧、茶餐茶点融入西餐元素，形成一道独特的茶文化风景线。

北纬30度，一条神秘的纬度，全世界的神奇秘密都集中在这里：地球的最深处马里亚纳海沟、地球的最高峰珠穆朗玛峰、几条世界性大河流的入海口、壮观的北非撒哈拉大沙漠、埃及金字塔、失落的亚特兰特提斯岛，百慕大魔鬼三角区……而中国除了杭州、武汉、成都外，处在同一纬度上的还有庐山、黄山、峨眉山，把它们串珠成链，真是一条中国名茶和茶文化的金链条。茶叶虽小，但它与一切地球之最的神奇自然造物共存在同一纬度上，所以拥有同样的神奇，同样的伟大，同样的不可磨灭的文化。

宋朝，以其文化的高度繁荣至今成为人们追捧、怀念的美好时代。陈寅恪曾说"华夏民族之文化，历数千载之演进，造极于赵宋之世"；史学家汤因比（英国）曾说"如果让我选择，我愿意活在中国的宋朝。"

宋朝人把茶文化弄精致了，同时也把茶文化弄复杂了，复杂到公元13世纪来自蒙古草原的狼群怎么也搞不清中原和南方腹地的这些食草动物到底在玩些什么东西。茶的功能不就是清理肠胃，去去肚子里的油腻吗？干吗弄那么神神道道的，不许搞了！于是，中国茶文化经历了一个短暂的断层时代。

第六讲

断层时代

公元1206年春，在蒙古草原的深处，风吹草低见牛羊。春天的牧草，就像春天的茶，一茬接着一茬地长高，饱含着丰美的植物乳液。成群的肥羊和骏马贪婪地享受着大自然给它们送来的美餐。经过一冬吃干粮生活的日子，这时是羊和马最易上膘的季节。这是几十年来人和畜第一次那么安详地享受草原生活，因为在此之前的几十年间，草原上经历了和中原战国时代同样的部落大战。铁木真以其智勇最后剪灭了各敌对部落，使蒙古成了他的一统天下。今天，由铁木真建立的大蒙古帝国在这里举行开国大典。而所谓开国大典，不过是铁木真把各路王爷召集到斡难河畔，召开一次那达慕式的群众大会。会场上高高树立起九面大旗，就算是国旗；搭一个超级大蒙古包，就算是皇宫。女人们忙着烤羊肉、做羊杂汤，摆出一桶桶的马奶子酒，就算是国庆盛宴。在草原上征战几十年，从一个受人欺侮的小部落头领，成为今天蒙古人的领袖，铁木真用足了战国人的合纵连横、三十六计等战略战术，最后终成大业。所谓开国大典，就是铁木真登基大典，在这次大典上，铁木真被尊为成吉思汗，意即万王之王。庙号为

◆ 成吉思汗像

元太祖。

　　成吉思汗成为蒙古王以后的第一件事就是西征。其初衷是追剿逃匪，在追击过程中攻城掠地。然而蒙古大军竟如入无人之境，占领了两倍于今天中国版图的辽阔土地。由于中国一直饱受外来侵略之苦，所以中国历史上有这么一段扬眉吐气的年代，令今后的中国人十分景仰和缅怀。中国当代领袖，共和国的缔造者毛泽东，称成吉思汗为一代天骄。

　　蒙古族是一个生活在马背上的民族，其生活条件和战斗条件高度一致。战斗是在马背上，生活也在马背上。渴了可以挤马奶喝，饿了把战斗中战死马匹的肉风干了蘸盐巴吃，困了就把马背当床睡觉。因此蒙古军队行军打仗可以昼夜兼程，根本不用大队人马的后勤和辎重。古代蒙古人的战法神异，出奇制胜效果极强。可以看一下这样的场面：部队以全部骑兵组成的方阵向前推进，马背上的战士一面弹着琴，一面用高亢的嗓门哼哼哈哈嘿嘿呵呵唱着蒙古长调，此时，敌人已经在心理上感到恐惧。这是什么队伍，看上去人高马大，怎么，竟要用这样的武器与我们较量。这是什么套路？不懂，还是看他后面使什么招数吧。还在观望犹疑之间，只见蒙古骑兵突然把乐器往背后一推，弯下腰，身体紧贴马背，从马鞍里抽出军刀。在前排弯下腰的刹那间，后排射手进入射程，顿时万箭齐发，敌方部队前排倒下一大片，后排还没反应过来，背着乐器的持刀骑兵已经冲到阵前，一阵砍杀，敌方留下大片尸体，余者仓惶而逃。心理战加上远程近程武器再加快速冲锋，使成吉思汗的部队所向披靡。蒙古军队这种作战方法，据说是从草原狼那里学来的。成吉思汗在世时，大蒙古国的版图，东起朝鲜半岛，西至地中海沿岸，南抵印度河流域。成吉思汗死后，他的孙子旭烈兀征服了伊朗全境，接着，又攻陷巴格达,征服了包括叙利亚、埃及在内的几乎整个阿拉伯半岛。偌大的疆土，被成吉思汗和以后的忽必烈分为四大汗国，相当于四大军区。由成吉思汗的儿孙们分别担任四大军区司令。

但是，征服不等于占领，占领不等于臣服，臣服也不等于心服。总之，军事上的强势不等于经济上、文化上的强势。1264年，当元世祖忽必烈大帝建立了元朝，在北京建立了元大

◆ 元世祖出猎图（元刘贯道绘）

都，并突破长江天堑，将南宋王朝送进历史陈列馆之后，发现数量上占绝对优势的食草动物并不那么好对付。草文化也是野火烧不尽，春风吹又生。尽管成吉思汗创立了蒙古文字，尽管蒙古人也有自己的神祇（估计就是匈奴人的那个昆仑神），尽管他们住的蒙古包在遮风挡雨、生活便利方面并不亚于宋朝的高墙深宅，尽管他们食用的牛羊肉和鲜奶使他们身强体壮，尽管他们的女人吃苦耐劳、繁衍力强，尽管蒙古的马匹能日行千里，但一进入中原大地，尤其是中国的南方腹地，所有这一切都"俱往矣，数风流人物，还看今朝"。两宋留下的花花世界，早已让这批蒙古兵骑手眼花缭乱。草文化的草也不是蒙古草原上的牧草，而是绊马草兼食人草。南宋的经济强势和文化强势拿来PK蒙古人的军事强势，即便有田忌赛马的智慧，2：1总是硬道理。忽必烈也是看到了这一点，所以在政治上强化对汉人统治的同时，在经济管理上，在文化上愿意向汉人学习。这一学不打紧，蒙古人的那点血气很快被食人草吸得一干二净，就像希腊神话中的巨人泰坦尼克，只要双脚一离开大地母亲，马上丧失了所有力气。忽必烈开始尊起了儒术，在大都的宫殿里享用着金银器皿、绫罗绸缎、席梦思床；肠胃开始只能消化山珍海味，一闻到牛羊肉的膻气就想吐；马厩里的战马也肥得跑不动路，只好载着皇帝在皇宫大院里散散步。

天不助南宋，1277年，杭州凤凰山上的南宋皇宫依然金碧辉煌，元兵没有像楚霸王火烧阿房宫、英法联军火烧圆明园那样将其付之一炬，反倒是当地老百姓不守规矩，涌进昔日的皇帝家庙胜果寺烧香，引起了山火，殃及皇宫。从此，南宋皇宫就随着南宋一起灰飞烟灭。再出几个文天祥也挡不住其走向灭亡的命运。天也同样不助元朝，曾经荡平中亚、东亚、南亚和阿拉伯、东欧的元帝国，在几十年后，因为四大汗国的各自独立为王，缩小了版图。百万铁骑，为再次扩大版图，两次出征与海盗国家日本打一场水土不服的海战，两次都遇上日本海的台风，结果没被倭寇打败，倒被台风刮得七零八落，大伤元气。元朝就是靠元气生存的，没了元气，元朝也就该寿终正寝了。来自蒙古草原的狼，毕竟是少数，它没有像杰克伦敦小说中的白狼一样，把自己变成一条与大多数的人结合，为大多数的人服务的狼狗。其除了军事管理以外，缺乏对一个有几千年文明史的大国在政治、经济、文化等全方位管理的能力，最后，终于让中原大地上土生土长的农民起义军——红巾军找到了这个泰坦尼克的软肋——只要离开了那片大草原，它早晚就是一个庞大的废物。元朝打败南宋，统治中国不到一百年，就被逐回蒙古大草原。

三百年后，来自白山黑水之间的满族人接受了元朝失败的教训，融入并利用了汉文化作为精神统治工具，从而长治久安三百年。

元代所有称得上官的，全部是蒙古人或者色目人。所谓色目人，就是长着蓝眼、黄眼、红眼、绿眼、白眼的老外。既然从地中海到阿拉伯半岛以及整个西伯利亚都成了元朝四大军区下属的行省，那么，根据干部易地交流的组织原则，其他民族干部交流到汉族地区也是理所当然。想必当时也有不少汉族干部被交流到其他民族地区，也被他们叫做色目人。

可能到汉族当干部要作出点政绩来难度最大。首先，语言、文字不通。汉字和阿拉伯文尽管都是从右写到左，但赵钱孙李们的方块字与阿拉伯的花边型文字或者斯基的斯拉夫文字都风马牛不相及。要精通几种语言就如滴水穿石，绝非一日之功。汉族人虽然生活在底层，但人数众多，南宋时全国人口已经过亿。估计他们都把这些色目人看作"洋盘"，万众一心地与之周旋，弄得这些外族干部常常因为被戏弄，跑到人事部门去诉苦，要求调回原籍当官。但人事部门的答复是：不准、不行、不能。因为元朝的这种社会制度，带来了如今通过改革开放才能获得的利益。本来属于外贸的生意简化成了内贸生意。中国的四大发明以及冶金等技术，通过内贸途径传到了欧洲，使三百年后的欧洲国家开始进入工业革命时代。中国的丝、茶、瓷器流通到了阿拉伯，而阿拉伯的香料、胡椒、金属加工等也流通到中国。如果元朝版图再持续八百年，那么，今天的国际石油组织OPEC就没必要存在，都是元帝国一国事务。

◆ 黄公望《富春山居图》（局部）

解决石油危机不用像现在那么累。阿拉伯商人世界著名，早就看中中国这个大市场。现在好了，大家都是一个国家的人了，跑到哪里都不用办签证，所以大量云集于中国。他们信奉的清真教开始在中国土地上扎下了根，并留下众多后裔。岂止是清真教，由于民族的大融合，各种宗教都得到传播发展，儒教，道教中全真教、太一教等，佛教、喇嘛教、回教、景教（基督教），各种信仰都有信众和市场，且在朝廷中有代表人物。比如全真教的丘处机晋见成吉思汗，忽必烈拜吐蕃萨斯迦派教主八思巴为国师。

　　元帝国是个进攻型、侵略型的国家。中国历朝历代都少不了的边患之扰，在元朝是留给人家了。元朝的老百姓过着太平日子，很少服兵役，各国都来朝贡。明朝李开先《西野春游词序》中说："元不戍边，赋税轻而衣食足，衣食足而歌咏作。"

　　"衣食足"，是因为国家不需要庞大的军队戍边，军费开支就减少，人民的赋税负担也就相应轻了，所以元代的都市繁

荣，商品经济发达。元大都里，万方之珍怪异宝，璆琳、琅玕、珊瑚、珠玑、翡翠、玳瑁、象犀之品，江南吴越之髹漆刻镂、荆楚之金锡、齐鲁之柔纩纤缟、昆仑波斯之童奴、冀之名马无所不有，琳琅满目。"天生地产，鬼宝神爱，人造物化，山奇海怪，不求而至，不集而萃"（《宛署杂记·民风》）。马可·波罗赞叹说：汗八里城里的珍贵货物，比世界上任何一个城市都多。

商品需求的扩大，要求生产效率提高，这推动了元代的科技发展。元代出了不少有名的科学家和技术发明家，如写《农书》的王祯，发明纺织术的黄道婆，天文学家郭守敬等，医学上有"金元四大家"，在印刷术、火炮技术、造船术、航海术、水利工程等方面都很有成就。元代的科学技术水平在当时的世界上处于领先地位。而当时的欧洲还处在中世纪"黑暗时代"。

"歌咏作"，是因为元朝疆域辽阔，统治者的心胸也宽大。元朝的国家版图是现在中国的一倍，而元朝统治者本身带有草原民族粗犷豪爽的特点，各方面管理没有数字概念，随意性较大，但好处是相当宽松，与其后的明、清两朝比有天壤之别。元朝的蒙古人像后来的八旗子弟，不思管理，不事生产，整天游手好闲，倒形成一种浓郁的社会性的艺术氛围，玩乐风气。蒙古人天生能歌善舞，《蒙古秘史》记载："蒙古人欢乐，跳跃，聚宴，快活。"这还不算，元代人玩的娱乐、体育活动可是多了去了。有记载的娱乐活动有：围猎、打马球、捶丸（高尔夫球）、蹴鞠（足球）、射柳、角羝（斗羊或斗牛）、双陆（一种类似飞行棋的游戏）、象棋、围棋、撇兰（续画）、投壶、顶针续麻（用顶针格赛诗）、拆白道字（把一个字拆成一句话的一种文字游戏）等等。

入元宋人在政治上没有地位，只好在其他方面求发展。宋朝人读书是为了当官，当官的俸禄足以养家糊口，养家糊口有盈余就去购买字画、书籍、古董搞收藏。经商也是一条路，但还是有很多肩不能扛，手不能提的文人既不会经商，也不肯经商，就只好靠卖家当过日子了。生活富足时期纯粹用来赏玩的收藏品到元代生活无着时成了可以换钱的家当，当时的无心插柳，一不留神成了一种投资行为。当然，拿自己的家当出去换钱养家糊口是无奈之举，为了表明该收藏品的身份，防止赝品出现，同时也为了将来有钱了把自己的东西赎回有个记认，更为了象阿Q那样表明自己先前曾经阔过，元代的收藏者都要在藏品上写上一段不明不白，不切画题的文字，或者请专业鉴赏家给收藏品验明正身写上一段，本来中国画里的留白是笔不到意到之处，要么代表一片蓝天，要么代表一片大地，被这批收藏鉴赏家涂鸦得满满的，而且转手多少次就得涂鸦多少回，弄得整幅画意境全无，弄得现代很多拍卖的古字画经常要先鉴别元代的这些题鉴的真伪再来鉴别藏品的真伪。当然，中国的书、画、印是同源的，元代人把他们汇总在一起，也不是没有一点道理的。元代出了不少画家，如赵孟頫、石涛、黄公望、倪瓒、王蒙等，赵的很多画带有剽窃嫌疑，如《斗茶图》，就是宋代刘松年同题图画的盗版。估计这类画家有不少是从临摹起家，然后熟能生巧才形成自己风格，成了名画家的，这倒不失为成名成家的一种市场操作办法。黄公望则梦想得道成仙，在杭州市郊富阳找到一座山隐居起来，他的《富春山居图》倒不是因为画法上技术含量超群，而是因为目前画的一半在大陆，一半在台湾，具有两岸统一的政治意义而显得不可多得。

元代可以和唐诗宋词比肩的是元曲。如果说词是诗之余，那么，曲就是词之余了。唐诗、宋词和元曲在句法和风格上都是不同的。曲比较通俗，诗和词则雅一些。唐诗主要是五、七言诗，词则要按词牌填词，句型长短不一，所以又叫长短句。曲和词类似，要按曲牌填写。所以唐人作诗可以叫写诗，宋人作词和元人作曲则叫填词、填曲。宋词的词牌是中原地区的曲调，元曲则是来源于北方草原民族的曲调，所以元曲又叫北曲。元曲分为散曲和杂剧两部分。散曲包括小令和散套两种，小令是不成套的散曲，几支小令按一定的宫调组成一个散套（散曲套装），所以元散曲的题目有三部分组成：宫调、曲牌、内容提示。如马致远的《越调·天净沙·秋思》，"越调"是调式，曲牌是"天净沙"，"秋思"是咏唱内容的标题。用西洋乐的表达法，相当于《A小调奏鸣曲秋天的恋歌》；而所谓杂剧，差不多就是今天的歌剧，有故事情节，有男女主人公，有生末净丑各行当。宫调就是剧中人的唱腔，如京剧中的西皮、二黄、快三眼、慢三眼、摇板、吟板等，又如西洋乐中ABCDEFG调；曲牌就是唱段，相当于歌剧中的咏叹调、宣叙调等。这些调门程式是固定的，作家的创作在于依曲作词，表达内容；唱腔、曲牌都有可能重复，所以唱段都要加上小标题。说到底，杂剧就是最早的中国歌剧，以后出现的所有剧种都是它的子孙后代。元曲和杂剧创作方面，当时有四大家：关汉卿，代表作是《窦娥冤》；马致远，代表作是《汉宫秋》；白朴，代表作是《梧桐雨》；郑光祖，代表作是《㑇梅香》。

元代的文人和宋代文人不一样，宋代文人都是当官的，享受国家俸禄，搞创作是利用业余时间增加额外收入；元代文人既当不上官，又没有文联、作协一类的组织可以加入，没有基本生活费的来源。在元代，舞文弄墨是茶余饭后的消遣，不算一门专业技术，所以，三教九流里，有乞丐的位置，却没有作家的位置（儒，排在第十位）。这倒并不是说作家不如乞丐，元统治者不至于连文化都不要，只是说明作家是一门无需像其他行业一样必须领取营业执照的自由职业，从业者是一批天不收，地不管的主儿。武术里面无招之招，乃为上招。自由职业不受经营范围限制，可以从事任何经营，还可以逃税（幸好元朝不收什么税，更没有个人所得税），他们可以去当有钱人的门客，可以给小报写文章，可以帮企业搞策划，可以帮人打官司，可以代写书信、代办婚丧喜事，当然，更可以捧戏子，成为他们的经纪人，为他们捉刀写剧本，把他们捧红，自己也就有了饭辙。元代城市经济发达，勾栏瓦肆比比皆是，这个市场很广阔。

然而，无限制其实是最大的限制。文人本来是瞧不上这些行当的，他们倒想成为御用文人，但满朝皆蒙古、色目人，对他们既不重视，更不重用。他们也想成为达官贵人的谋士（门客），但时代不同了，孟尝君、春申君无法再世。想做一个专业作家，国家财政里没有对这一行的专项开支。求之不得，只好认命，退而求其次，而且不是一般的次。其命运是混迹于勾栏瓦舍，烟花柳巷，和戏子、妓女们打成一片，给他们写本子赚点银两，然后再把银两花在他们身上。身体是绝对自由，但心里的郁闷却越积越厚。文人放浪形骸的最好借口就是排遣郁闷。关汉卿们没有一个不是风月老手、赌场健将，饕餮酒徒，江湖玩主。平生精力和银子都在这些场面上潇洒光了，还要埋怨生不逢时，怀才不遇。关汉卿的自述《南吕一枝花不伏老》算是代表了元代文人的集体无意识：

【一枝花】攀出墙朵朵花，折临路枝枝柳。花攀红蕊嫩，柳折翠条柔。浪子风流。凭着我折柳攀花手，直煞得花残柳败休。半生来折柳攀花，一世里眠花卧柳。

【梁州】我是个普天下郎君领袖，盖世界浪子班头。愿朱颜不改常依旧，花中消遣，酒内忘忧。分茶撷竹，打马藏阄，通五音六律滑熟，甚闲愁到我心头。伴的是银筝女银台前理银筝笑倚银屏，伴的是玉天仙携玉手并玉肩同登玉楼，伴的是金钗客歌金缕捧金樽满泛金瓯。你道我老也，暂休！占排场风月功名首，更玲珑又剔透。我是个锦阵花营都帅头，曾玩府游州。

【尾】我是个蒸不烂煮不熟捶不匾炒不爆响珰珰一粒铜豌豆，恁子弟每谁教你钻入他锄不断斫不下解不开顿不脱慢腾腾千层锦套头？我玩的是梁园月，饮的是东京酒，赏的是洛阳花，攀的是章台柳。我也会围棋会蹴踘会打围会插科，会歌舞会吹弹会咽作会吟诗会双陆。你便是落了我牙、歪了我嘴、瘸了我腿、折了我手，天赐与我这几般儿歹症候。尚兀自不肯休。则除是阎王亲自唤，神鬼自来勾，三魂归地府，七魄丧冥幽。天哪，那其间才不向烟花路儿上走。

这就像鸭子煮烂了，嘴还是硬的。颇有点阿Q精神。从元代开始，中国文人就越来越没救，到明清两代朝廷广兴文字狱，文人的处境也越来越难了。

茶文化走到元代，确实出现了两到三代人的断层，但并非完全隔断，而是似断非断，反而起到了承前启后、吐故纳新的作用。从唐代开始的与边关地区的茶马互市贸易，蒙古人和其他少数民族一样，用蒙古的马交换茶等生活必需品，他们所需要的仅仅是茶，是比较粗制的砖茶，而不是茶文化。边疆茶被做成砖状，主要成分是茶的粗叶和茶梗，经过从内地到边疆的长途运输，砖茶里的微生物还在不断地活动、繁衍，运达目的地茶已经发酵或半发酵（所以普洱等黑茶越陈越值钱）。但蒙古人喝的是水煮茶，茶汁越浓味道越好，煮完后加进马奶或酥油、盐巴后再喝，此为奶茶。奶茶中的单宁酸对肉类油腻食品有极强的溶解作用，所以缺少蔬菜的边疆地区人民都喝奶茶，一助消化，二增加维生素，三解渴解乏。在蒙古人的概念中，茶就是像酒一样，不过是饮料的一种，干嘛弄出那么多繁文缛节，既增加开支又耗费时间精力。他们对宋代精致的茶文化根本没有兴趣。茶文化的推动力有两个，一是统治者上层有此雅好，一是文人推波助澜。这两个动力在元代都不成气候，所以茶文化也就沉降在民间，不得浮出水面来兴风作浪了。

很可能红茶的产生年代不是现在一般认为的明朝，而是元朝。元朝对茶的生产加工有一个专门的管理部门，叫"焙局"，可见那时还是以烘焙团饼茶为主。但元朝廷已经弃用唐朝以来湖州和雅安等地的皇家茶园，在武夷山建起了御茶园。武夷山最名贵的大红袍自有名以来就是发酵类茶。根据蒙古人的喜好，当时从那里加工出来的进贡茶一定就是发酵茶。相反，半发酵的乌龙茶的出现倒是比较后来的事情。发酵茶的出现，是茶业的一场革命。它的优点是：容易加工（在当时）、容易储存（还可以收藏）、容易运输，还可以与其他调料拼配成各种新的茶饮料，如柠檬茶、果茶、花茶等等。它所有的优点弥补了绿茶的不足。此外，元代是内外贸非常发达的时代，现在世界绝大部分人喝红茶而不是绿茶。这和元代疆域辽阔，为当时先进生产力代表，世界各地通过茶的输入，形成了喝茶习惯，而一开始喝的就是红茶大有关系。红茶产生于明代的说法，估计指的是明代朱元璋下令罢造团饼茶之后红散茶出现的时间。元代武夷山产茶仅几百斤，大宗的茶叶还是要靠各地茶区提供。据统计有四十余种：

头金、骨金、次骨、末骨、粗骨，产于建州（现福建建瓯）和剑州（现福建南平）。

泥片，产于虔州（现江西赣县）。

绿英、金片，产于袁州（现江西宜春）。

早春、华英、来泉、胜金，产于歙州（现安徽歙县）。

独行、灵草、绿芽、片金、金茗，产于潭州（现湖南长沙）。

大石枕，产于江陵（现湖北江陵）。

大巴陵、小巴陵、开胜、开卷、小开卷、生黄翎毛，产于岳州（现湖南岳阳）。

双上绿芽、小大方，产于澧州（现湖南澧县）。

东首、浅山、薄侧，产于光州（现河南潢川）。

清口，产于归州（现湖北秭归）。

雨前、雨后、杨梅、草子、岳麓，产于荆湖（现湖北武昌至湖南长沙一带）。

龙溪、次号、末号、太湖，产于〓〓〓〓〓〓〓〓〓〓〓〓〓〓〓〓带），均为散茶。

茗子，产于江南（现江苏江宁至江西南昌一带）。

仙芝、嫩蕊、福合、禄合、运合、庆合、指合，产于饶州（现安徽浮梁、贵池、青阳九华山一带）。

龙井，产于杭州，属散芽茶。

武夷，产于福建武夷山一带。

阳羡，产于江苏宜兴。

请注意这张名单，其中特别指出的龙井茶，属散芽茶。说明散茶冲泡的喝茶法，在元代已经传开了。在宋朝，龙井茶还没有成为国字号的名茶，所以龙井茶的市场主要在民间。民间讲究不多，散茶作为原料茶也有供应，喝不起龙团凤饼的人，就冲泡散茶喝；而且从南宋起，民间已经有人喝散茶，其历史渊源一直可以上溯到东晋隐士。到了元代，撮茶冲泡的喝法已经比较流行，元代诗人虞集的一首诗，就描述了当时聚友同往龙井山茶农家品饮龙井茶的情景。其中有"烹煎黄金芽，不取谷雨后。同来二三子，三咽不忍嗽"之句。从那时起，龙井茶就以明前茶为贵，就开始用散茶。这是茶文化进入简约时代的标志。

淮南（现扬州至合肥一

第七讲

简约时代

明朝开国皇帝朱元璋是中国历史上第一个贫苦农民出身的帝王，纯粹是乱世出英雄的产儿。中国历朝历代的皇帝，都多少有一点政治资本、血统资本或经济资本。资本实力最单薄的如汉高祖刘邦大小也是个亭长，相当于现在的副乡长。而朱元璋却除了当过农民、和尚、乞丐以外，什么资本也没有。若不是元末红巾军起义给他一个江湖上崭露头角的机会，恐怕早就夭折在讨饭路上，碰到好心人把他草席一裹，就地埋了。如果没有这样的好心人，恐怕只能裸尸街头或田埂边，没名没姓地在人间蒸发。给他陪葬的只有一只凤阳特产的花鼓。朱元璋当皇帝以后回过头去想想，当时很有可能落到这一下场，确实不寒而栗。所以，他这个皇帝当得非常认真、仔细，经常忆苦思甜，决不让青少年时代同行叫花子给他喝了"珍珠翡翠白玉汤"（泔水煮烂白菜叶）才捡回一条命的命运在他和子孙后代身上重演。他少年时代深刻在他心里的阶级烙印，一生都不能抚平。所以他一生中最恨三种人：当官的、有钱人和文化人。针对这三种人，他制定了非常严酷，动不动要人性命的约束机制。对当官的，他在历史上首开纪

◆ 朱元璋像

录，把当年跟他一起打江山，现在又以功臣自居企图来坐江山的小兄弟或开国元勋们一个个收拾干净。朱元璋文化不高，但悟性很高。他知道，靠罗织莫须有罪名杀人是不得人心的；把屠刀举向普通老百姓则更不得人心。他杀人都是有证据的，而这证据是特务组织——锦衣卫收集来的。锦衣卫把白天收集的情报事无巨细地向朱元璋汇报。朱元璋第二天就把当事人叫来，一一对证。这些情报，甚至详细到此公昨天什么时候起床，什么时候出门，出门去干了些什么，回家午休后铺开纸张写了些什么，晚上几点吃饭，几点就寝，有没有说梦话。他安排盯梢的官员家里仿佛都安插了密探，或者被锦衣卫收买了眼线。那些官员，即使没干什么，听到皇帝对他的生活起居如此了如指掌，吓不死也得吓出病来。怎么办，辞官吧，这一来更糟糕。有官当在那里，锦衣卫还多少还有点顾忌，得把情报坐实了再报；一旦辞官，那就对不起了，反正你已经离开官场，给你弄个罪名，你连辩解的机会都没有，要整死你还不是分分钟的事？锦衣卫揣摩皇帝对某人的好恶是哑巴吃饺子——心里有数。要整出个罪名来，历史加现行，没有一个落空的。朱元璋就根据锦衣卫的线报，一一作出裁决。在明朝的洪武十三年（1380）和二十六年（1393），分别制造了胡惟庸案和蓝玉案，罪名都是内外勾结，谋反篡权。其中胡案株连九族，被杀者三万多人；蓝案被杀者达一万五千人。在中国，凡开国皇朝君臣矛盾在所难免。但各有各的处理方法。刘邦的处理方法是对臣下实行双规，让他们知道君臣礼节，对要称王称霸的像韩信之流，则采取"狡兔死，走狗烹；飞鸟尽，良弓藏"的个别处理方法。李世民的处理方法最大气，宽大为怀，甚至虚怀若谷，对隋朝遗臣如魏征等奉为上宾，不断从反面听取、接受他们的意见。赵匡胤的处理方法是软硬兼施，用最温和的方式干最不温和的事，一杯酒的功夫，就把开国元勋们的兵权褫夺干净。朱元璋则没有用前人的方式，而是用他农民式的思维方式，凡是影响帝国成长的必是毒草。对毒草必得斩草除根，哪怕春风吹来，也不允许再生。经过胡、蓝案大开杀戒，明朝的开国功臣几乎无一幸免。连向他建议"高筑墙，广积粮，缓称王"的朱升，是功臣之功臣，预感到主公疑忌，在告老还乡时特意向朱元璋求赐"免死券"以保后代平安。第二年，朱升寿终正寝，他的儿子朱同却被朱元璋惦记上了，所以并未得到"免死券"的庇护，被朱元璋赐自缢而死。功臣徐达，女儿为王妃，位居公爵兼国丈，且持有朱皇帝颁发的免死铁券，没想到免死牌对别人有用，对皇帝是张废牌。徐达背后长了个大疮，朱元璋也不赐他死，给他送来一只肥鹅让他吃，应该阴补的给他阳补。吃完没几天，徐达便疮口迸发一命归西。为清理门户，朱元璋还亲自签发《逆臣录》和《昭示奸党录》，等于法院死刑判决书，用以制造舆论。前车之鉴，后车之师。朱元璋在剪除功臣之后，以十分严酷的《明律》法律条文来制约今后的为官者。明朝官员的薪俸是历代以来最低的，低到不足以养家糊口；而对贪污受贿官员的惩罚是最严厉的，严厉到一旦犯罪，须"剥皮实草"，也就是将完整的人皮剥下来，塞进稻草，立在衙门口示众。

不知是因为惧怕还是出于自觉，明朝官员是比较廉政的，出了海瑞这样的既清贫又清廉的清官。明代官员的家里基本没有三妻四妾，一是养不起，二是怕人多嘴杂，三是万一出事，株连人口也少一些。明代的家具也线条简洁，木匠手艺大材小用，即便做出雕龙画凤的家具，也没人敢于受用。明代人没想到他们在无奈中发明的简约派家具六七个世纪后成了时髦，在文物拍卖场上可以卖得天价。

对有钱人，朱元璋也是带着一股农民的仇富心理去对待的。当时的江南首富沈万三就是一例。沈老板是靠箍木桶手艺起家的。箍桶匠不用读书都明白现代管理学上的所谓"短板理论"，即决定一个木桶容量的不是最长的那块板，而是最短的那块。也就是说小人物有大作用。沈万三会做生意，在兵荒马乱的年代找到商机，成了红巾军主力张士诚部队的军需供应商和运输商，不仅赚回了原先被迫捐出的银子，还赢得了几倍于此的利润，成了当时江南首富。沈万三这时真的把自己当成了一块短板，在明朝这个大木桶上起着举足轻重的作用。他颇为自得，以为找到了自己的人生价值。所以朱元璋定都南京以后，他便屁颠颠地出资去帮助修造南京城墙，为大树特树大明皇帝的绝对权威而添砖加瓦。商人出钱给官吏，叫做贿赂。万一东窗事发，杀头的是贪官。商人出钱献给皇上，只能叫拍马屁。拍马屁的目的就很难说了，也许完全没有功利目的，纯粹是有钱出钱，有力出力，热心于社会公益事业或者国防事业；也许心比天高，自以为自己是革命的功臣，应该做更大的生意，所以故伎重演，赞助一段城墙，以为自己就有资格把生意做到皇帝头上去了。看来第二种目的的可能性更大些，否则，沈大官人修了城墙，做了件好人好事就该打道回府，以后绝口不提，甚至隐姓埋名。这才靠硬。但问题是沈财主的钱不是白出的，出了钱，总想有成倍数的回报，何况自己还有政治资本。修了城墙后，见皇帝没什么反应，没有通报全国嘉奖他，也没有亲自接见他，更没有要给他一条财路的意思。沈老板这下有点郁闷，故技有点不灵了。但他站在紫金山的高度上和皇帝换位思考了一下，想明白了，一定是朱皇帝觉得马屁拍得不到位，投资量还不充足，不足以引起他的关注。于是他斗胆提出说他还要出钱犒赏三军。把南京城所有馆子都包下，让三军官兵胡吃海喝三天。这下坏了，沈万三的所作所为，触动了农民皇帝的那根敏感的仇富神经，当下龙颜大怒："岂有此理。当初你要出钱修城墙，我就看出你不怀好意，现在要把手伸到我军队里来了。三军是我亲手缔造的，亲自指挥的，你想把它搞乱还是怎的？你有钱想收买军心，我有权叫你一文不名。于是判了斩监候。沈老板本来还想借此机会推广一下他自己的品牌产品"万三蹄"，这下落得个人财两空，脑袋也保不住了，不禁嚎啕。朱皇帝在籍没了沈万三一生积累的全部财富后，想想就当这些财产是沈老板上缴国库用以换命的，决定刀下留人，改判发配云南。结果沈大官人死在流放途中。他至死也不知道，这位朱皇帝是当过乞丐的，看惯了富人的白眼，受够了富人的欺负，加入农民义军，屡建战功就是为劫富济贫，也为出人头地，再不当穷人。现在，轮到朱皇帝可以主宰所有有钱人的命运，正寻求发泄的时候，他往枪口上狠狠撞去，中了个头彩。

　　生活在明代的文人，也许做梦都在怀念过去没有文字狱朝代的好时光。三百六十行，各行都有各行的路数。做官的走的是仕途，商人走的是钱途，侠客走的是江湖路，妓女走的是下三路，连死人也有路走，那叫做天路、黄泉路，而文人，没有别的路可走，走上一条不归路——言路。既然当了文人，就不能不写诗作文；既然诗言志，就不可能在诗文中不明志。在言路畅通的时代，文人的思想是自由的，想象力也是长了翅膀的，所以才出了李白、杜甫、苏东坡那样千古留名的大诗人。哪怕针砭时弊，骂了皇帝也罪不至死。但到了明代，这样的好时光成了昨日黄花。朱元璋仅有的一点文化，是在当托钵和尚和化缘讨饭时从社会这所学校里学来的。长着一张布满老鼠屎之马脸的朱重八（朱元璋原名）自然不会像流浪儿陆羽那般讨人喜欢，有人愿意收养，有人愿意教养。他渴了喝溪水，饿了吃馊饭，困了睡破庙。生存的本能使他大致认识一些和本能有关的文字，以便在讨饭时不认错路，找错门。但朱重八在长期的流浪生涯中，长了见识，练了毅力，模仿、联想，触类旁通的能力很强。这些能力，在他日后成为明朝开国皇帝时受益匪浅。他身边养了一批御用文人，以博士生的水平教他这个小学生。孺子不但可教，教完之后他立马用于实际，每天要批阅四百多件奏章，还能从中找出错别字。找不出错别字，也要找出其中的微言大义，看有没有对大明国和他本人进行含沙射影攻击的地方。他的联想力所及之处，是许多大文豪想都想不到的。叫来一问，大文豪们只是哭笑不得，无法辩解，项上脑袋因此搬了家。朱元璋就是以己之半桶水文化，用文字狱把明初文人圈子搅得周天寒彻。

浙江府学教授林元亮替海门卫官作《谢增俸表》，中有"作则垂宪"；北平府学训导赵伯宁作《长寿表》中有"垂子孙而作则"；福州府学训导林伯璟作《贺冬表》中有"仪则天下"；桂林府学训导蒋质作《正旦贺表》中有"建中作则"；澧州学正孟清作《贺冬表》中有"圣德作则"，"则"字大概在朱皇帝的老家安徽凤阳方言中与"贼"同音。这下坏了，朱元璋认为这是骂他是贼，没二话可说，斩。怀庆府学训导吕睿作《谢赐马表》中有"遥瞻帝扉"，"帝扉"被视为"帝非"，立斩。祥符县教谕贾翥作《正旦贺表》中有"取法象魏"，"取法"同"取发"，朱元璋以为这是在讽刺他当过和尚的那一段经历，斩了。台州训导林云作《谢东宫赐宴笺》中有"体乾法坤，藻饰太平"，朱元璋分析出"法坤"与"发髡"同，"藻饰"与"早失"同，斩。德安府学训导吴宪作《贺立太孙表》中有"天下有道"，太祖经过泛读就得出"道"与"盗"同，立斩吴。状元张信训导王子，引用杜甫诗"舍下笋穿壁"出题，太祖精读中发现实为讥讽大明天朝，张被腰斩，从腰部砍断，施刑难度大于斩首。

不但朝廷大臣因文字横遭不测，就连藩国朝鲜也不能逃脱，《国初事迹》记载有：朝鲜国王李成桂朝贡大明王朝时所进表笺，朱元璋查悉有犯上字样，当即下令将进贡物品全部退回，责令检讨，并责成朝鲜方面交出撰写此文的郑总，对其问责。朝鲜朝野震惊，深为恐惧，旋将郑总引渡至南京。太祖亲自签发判决书，发配郑至云南劳改；仍然令辽东都司不得为高丽人签证，禁止高丽人入境；还搞了经济制裁，不许商客贸易。

　　这样一来，朝野上下，人人自危，噤若寒蝉。没有了言路，文人的情绪无处发泄，饭辙没处着落，只好改行写通俗小说。为了迎合小说市井读者群的口味，性描写是少不了的。文人们也接受了血的教训，开始研究法律，发现写小说有诸多好处：一者篇幅长，润笔（稿费）多，而且皇帝没空去读，可以避祸；再者，小说的时间、人物、地点、情节都可以虚构，只要不涉及当朝的人和事，民不告，官不究，项上脑袋可保。所以，明朝小说要么改编宋元话本，写仙界、写历史，如《西游记》、《水浒》、《三国演义》；要么写色情，如《金瓶梅》等。书中人物也是你借我的，我借你的，反正都是时空隧道另一头的事，让锦衣卫和皇帝老儿摸不着头脑。更何况，明代没有毛片和性教科书，而性生活是人人要过的，人们对性的爱好和渴望是心中所想，口中所无。有人把它大胆地、露骨地、细腻地、文学地描写出来，读者群可是大了去了。性幻想者、性低能者、乃至性无能者可以用读书治病。其他任何文学形式都没有这种起勃器功能，还特别适合太监品读。估计锦衣卫、东西厂的太监们读了以后偷着乐，也不去追究作者了。明代文人终于在文字狱的夹缝中找到了一条逃生之路。明代不允许隐士存在，但文人在熙来攘往的人群中找到了衣食父母，在锦绣铺张的城市里找到了安全庇护所，一不小心成了高级职称的隐士，因为大隐隐于市。

　　明代是个奇怪的矛盾统一体时代，滋生出许多不作为的皇帝，但同时涌现出许多刚正忠烈的大臣。朱元璋农民出身，但明代并不一味重农，反而城市化程度很高，商业氛围很浓，资

◆ 明朝的奇葩皇帝之一：万历帝朱翊钧像

本金融经济发达。从朱元璋到朱棣大兴文字狱，但明代文化丰富多彩，艺术形式齐全（戏曲、美术、手工艺等），小说一枝独秀。历史上有过许多卖国求生、求荣的皇帝，但明代尽管内忧外患不断，却没有出过一个投降的，甚至是主和的皇帝。

明朝是在万历皇帝朱翊钧时代开始走下坡路的。该皇帝当朝时间足够长久（四十九年），如果有所作为那将是国之大幸，明代的兴盛肯定没有问题，说不定比同时代进入文艺复兴的欧洲发展还要迅速。但万历皇帝没这份心思。在他将近五十年的皇帝生涯中，有一半时间没有上朝理政。为什么？因为他想要立的皇太子被内阁群臣长期否决，而他决定以小家而舍国家的行动来与之抗争。如果是本爱情小说，万历皇帝作为小说主角与郑贵妃的爱情可圈可点，简直就是中国版的温莎公爵。唐明皇没做到的事他做到了。在他的九个妃子里，他情有独钟的就是郑贵妃，且情意缠绵，日久弥笃。郑贵妃为皇帝生下一个儿子。皇帝爱屋及乌，对这个儿子宠爱有加，并承诺一定要立他为储，把大明天下都交给他。此言一出，招来群臣的集体反对。因为按照祖制，储君只能是皇长子，除非长子夭折，否则不可传位给其他儿子。皇帝说这是我的家事，与你们这些老东西有何相干？内阁大臣们说皇帝的家事就是国事，关系到整个国体。万历帝8岁当皇帝，内阁老臣都是他的长辈，本来应该对他们礼遇，但他们实在不识相。万历皇帝咬咬牙，下令打烂敢谏者的屁股。谁知被打者拿着个烂腚到处炫耀，在同僚心目中成了圣雄甘地那样的抗暴英雄。榜样的力量是无穷的，更多的人争先恐后主动退下裤子找棒打。内阁制度是明成祖朱棣创建的。其本来只是皇帝的秘书班子，没什么实权，但有些乐得轻松的皇帝把国事都交给内阁处理，自己当个跷二郎腿的现成皇帝。万历年代，内阁首辅（相当于总理）为张居正、申时行。皇帝年幼时，张总理主持朝政。到皇帝长大了，张拿出另一张王牌，皇帝的启蒙老师。一日为师，终身还可以为父呢。所以张、申把持的内阁，其相权已经足以和皇权抗衡。皇帝发话交办的事，总理可以不听不办。皇帝要废长立幼，也不照着履行法律手续。皇帝没辙，只好自残。不上班，不办事，也不再提立储之事，就让国家群龙无首，最后连个接班人都没有。幸好总理张居正和后来的总理申时行还算敬业，在皇帝撂挑子的二十五年里挑起了国家重任，才使明朝没在万历年间崩盘。

明神宗朱翊钧和唐玄宗一样，后宫佳丽三千人，三千宠爱在一身，专宠郑贵妃一人。男人有时候也犯贱，其他佳丽对他百依百顺，他不动心；偏偏郑贵妃敢于对他嬉笑怒骂，他却感到浑身舒坦，对她钟爱一生。如果在民主制度下，皇帝与平民女子的这段爱情会被传为佳话，但在封建体制下，这样的爱情属于丑闻。万历皇帝用尽心思，甚至采用消极怠工、恶作剧地祸国殃民、牺牲自己名声和政治命运的手段也未能把这批老顽固摆平。他绝望了，终于在57岁那年的一天，在他心爱的女人怀里，含泪对女人说了声对不起，抱恨终天。他的立储愿望和死后与郑贵妃同穴的愿望一件也没有实现。

无论明神宗朱翊钧（万历帝）是不是真的恶作剧想把大明帝国送上绝路，历史已经无情地造成了这一事实。到他的孙子明崇祯朱由检即位，明朝已经无可奈何地走上了亡国之路。崇祯再勤政、再节俭、即便唤回被他错杀的袁崇焕，也抵挡不住李自成和满清的内外夹击，因为明王朝这棵大树的根基彻底腐烂了，稍加外力，就会轰然倒下。在李自成部队开进北京时，他通知召开最后一次内阁会议，想给大家发一笔遣散费，各自隐姓埋名回家，由他来承担所有亡国责任。没想到大臣们该来的都没来，不该走的都走了，不用皇帝吩咐，早就逃之夭夭。这个皇帝算是当到头了，靠他孤家寡人已经无力回天。在最后的选择到来的时候，他没有选择降，而是选择了死。在死之前，他愤然写下"文臣个个可杀"，"君非亡国之君，臣皆亡国之臣"以警示后人，也是对明王朝走到今天这步田地的叹息，不禁感慨老祖宗太祖和成祖皇帝当年兴文字狱剿灭文臣绝对有理。他杀死妻子，砍断了女儿的一只手臂，然后仰天大笑，拾级登上后海的景山，长发披面，以示到九泉之下无颜面见列祖列宗，在一棵歪脖树上自缢而死。

崇祯死得颇有气节，倒令他恨得咬牙切齿的文臣们对他刮目相看。尤其是当满清军队打破山海关，为了推广自己脑后的那条猪尾巴大开杀戒的时候，明朝的许多遗臣这才后悔不迭，遂有钱出钱，有力出力，作一番以卵击石式的抗争。除了史可法、郑成功等武将外，金陵的一批超级美眉——秦淮八艳也召开秘密会议，决定用以身相许的方式投靠有钱的江南名士，筹集资金支援前线，成了这场抗战中一支异军。她们中有柳如是、顾横波、卞玉京、寇白门、李香君等。江南豪绅文人的任督二脉经娘子军们一揉捏被打通，雄性激素有所激活。他们不能公开举义，便以富绅的身份从事反清复明的地下工作，印发传单，提供情报，筹集资金。据说顾炎武、傅山居然找到李自成仓皇逃离北京后在山西的秘密藏金地点，以此为本钱，在山西开票号，成了晋商的鼻祖，堪称中国的基督山伯爵。

明代的江南，以金陵（南京）为中心，当时已富甲天下。手工业、商业、文化等都形成了分工明细的产业链，并有货币资本介入其中。徽商、晋商等就是最早的银行家。如果不是满清王朝的闭关锁国拖了后腿，中国一定较欧洲更早进入工业革命，加入世界资本主义行列。

朱元璋的跋扈，虽然伤及不少无辜人士，但他从来不拿农业中国的经济基础开刀。朱元璋出身农民，打天下靠的也是农民。他深知农民组织起来以后的力量，所以坐江山的时候，必须让农民一盘散沙。他三拳两脚，就把他所面临的三农问题解决了。一方面，他倡农兴农，全免农业税赋，以农业市场化促使小农经济发展。农民因此得到实惠。另一方面，抑制富农产生，缩小农村阶级差别和城乡差别，甚至把国家公务员的生活水平也降低至农民水平。明朝除了朱家门第以外，基本没有大富大贵者。农民因此得到心理平衡。第三，严密控制舆论，严禁文人搞什么农民问题调查或者化装成隐士深入农村，凭三寸不烂之舌鼓捣农民运动，对抗朝廷。农村稳定了，政权也因此稳固。明朝二百多年没有农民造反，直到万历皇帝一边高唱《为艺术，为爱情》咏叹调，一边伸手向国库要钱，搞得本来没钱的朝廷和官员只好向老百姓横征暴敛。万历皇帝的寝陵——定陵里面，过去有个阶级教育展，把皇帝和皇后的金丝冠、凤冠与一些地区老百姓吃的树皮、观音土不协调地放在一起，用

◆ 品茶图（明文徵明绘

机械唯物论的方式诠释其和李自成农民起义爆发的因果关系。而事实上，李自成和张献忠农民军举义的目的就是抢皇位、分浮财。皇帝腐败了，是夺取政权，自己称王称霸的最好时机。如果尊重客观历史的话，你就会发现，义军所到之处，最遭殃的不是别人，而是他们的农民阶级兄弟。李自成所在的西北、张献忠所在的西南，被他们用极其残酷的手段杀得千里赤地。不吃观音土还有什么可吃的东西？不杀向京城还有什么生存空间？历史这玩意儿偶然性太大，猜想、演义尚可，逻辑推理万万使不得。

话说朱元璋用制衡方式解决了三农问题，给农民带来了一定的利益。有例为证的是杭州的龙井茶能够成为天下第一名茶，确实要给朱皇帝唱一首赞歌。朱元璋当了皇帝后，开始有了茶瘾，下面进贡的茶，还是一块块绿色饼干，要分解、煮水、调茶、分茶。习惯于牛饮大碗茶的朱皇帝，这时就像烟瘾上来者，嘴里叼支烟而到处找不到火一样，要喝这杯茶，直等得花儿也谢了。朱皇帝肯定是B型血人士，他盼望的东西在他心里设定的时间内得不到，气就不打一处来，要么就杀人，要么就不要了。在喝茶的时候，他依然像个会算小账的农民一样估摸这杯茶的成本：种茶、采茶、加工、运输的人工费多少；全国生产那么多茶，人力资源、自然资源消耗量是多少；茶团加工成型，再分解开来这样脱裤子放屁过程损耗的时间是多少。小不可大算，我靠，这样喝茶太浪费了！于是，他也不通过办公厅起草文件，亲自颁诏下令全国罢造龙团，全部改为散茶。从此，饮茶以政府行政命令的方式规定了只能像如今一样的泡饮喝法，被茶史学家称为"撮茶法"。据沈德符的《万历野获编》记载："至洪武二十四年（1319）九月，上（朱元璋）以重劳民力，罢造龙团，惟采茶芽以进。……按茶加香物，捣为细饼，已失真味。……今人唯取初萌之精者，汲泉置鼎，一泡便啜，遂开千古敬饮之宗。"取茶芽加工成散茶，不加辅料，用沸水冲泡而饮的这种方法是从明初开始的。而在此时，从宋元起就一直在生产散茶的杭州龙井一带的茶农，简直做梦也没想到他们生产的炒青茶，一下子身价倍增，成了香饽饽，各地茶农都来取经。茶商订单雪片般飞来，官方主动从财政里拨出专款扶持散茶生产。龙井茶农能有今天，真应该在客堂里设朱皇帝神龛替代陆羽和乾隆，每天磕头烧香，感谢朱天子给他们天赐良机，子孙后代从此饭辙有了保障。

　　龙井山上有个小山村，叫翁家山村。村庄地处龙井百盘岭的最高处，山高路远，是一片乱七八糟的杂树林、没膝深的茅草、野猪出没的山洞组成的原始天然世界。离它不远处，倒有龙井寺、胡公庙、龙王庙、方圆庵等佛道胜地，经常吸引一些名流前来与和尚聊天吃茶。宋末元初，一批来自河姆渡文化故乡——余姚的移民在这里垦荒种田，无奈土地瘠薄，一年辛苦所得，还不足以糊口，所以村里的青壮劳力纷纷下山打工。这个习俗，一直保留至今，所不同的是，现在下山的八成当了老板。这个小村庄的农民早先就只翁姓一家。翁氏的一位族长，且称老翁吧，为了改变穷困面貌，在某年深秋，带领全族人开垦茶园种茶。第一次种茶，他选定了十八株上好的茶苗，煞有介事地举行了一个农耕仪式。其严肃程度，不亚于后来的清

◆ 杭州龙井山

朝皇帝在先农坛搞的那套仪式。十八，是三、六、九的倍数，是中国人的吉祥数字，也暗合大自然的许多规律。常言三足鼎立、六六大顺、九九归一就是这个意思。大家伙儿在老翁的指挥下，精细化作业，从里到外把茶苗按三、六、九种成一个圆，意寓茶圆（园）（缘）（元）。然后对天对地叩拜十八次，敲钟敲鼓十八下。乃至今日，龙井茶农在春茶开采季节，仍以钟鼓齐鸣十八响催发茶芽。这十八株茶树，每天派人精心照料，为保持其天然原味，除了将茶树周边的杂草刈除当肥料外概不施其他肥料。三年后这十八株茶树竟得云雾之天泽，聚地气之灵秀，枝繁叶茂，终年无病无灾。若干年后，老翁无疾而终，其家人把他葬在十八株茶附近，根据老翁遗言，他要永远守候着这些茶树。他相信总有一天，这些茶树就是他家里的摇钱树，可以庇荫子孙后代。他的墓碑面朝着人来的方向，像忠实的卫兵替后代时时看守这片茶园。碑阴处就是这郁郁葱葱，茁壮成长的十八株茶。后人就把它叫做"碑阴十八株"。其树每年清明前可以采摘时，翁氏家族必派出技术领先和人品最佳者，必鸣钟鼓，必向先人叩首，必沐手焚香，然后精心采制。经炒制后，得茶叶不过半斤。谷雨前后，产茶亦不过两斤。然其味极为甘美，饮之口齿留香，经久不去，堪为龙井茶中极品。现代佛学大师马一浮饮此茶后，就觉得其他绿茶都有轻浮味，唯此茶味真。为保持其真味，碑阴十八株从来就制作成散茶，而不做团饼，意在告诉人们，散茶也能出极品。为了照料好这份祖先留下的珍贵遗产，同时也为高山流水，酬谢知音，让那些爱茶的、懂茶的人能喝上真正的极品龙井，这位翁氏祖先的后人就在碑阴十八株的近旁开设了翁隆顺茶庄。从茶庄的历史考据，距今已有700多年，是杭州最早的专门生产和经营散茶的茶叶店。现在，"碑阴十八株"茶树和翁隆顺老茶庄在杭州的龙井山园复生。

这位翁氏祖先颇有远见卓识，二百多年后，朱皇帝从天上抛下来的这块大馅饼，不偏不倚正好掉在这个地方。

既然皇帝下令以散茶为茶之正宗，各地产茶区的茶农们只好抛弃原先的团饼茶制作方法，改作散茶。而此时，龙井茶已经抢占了市场先机，一下子成为茶叶的经典品牌。面对全国性的效仿和假冒，龙井茶农开展了一场品牌保卫战。他们在龙井茶种植、炒制和防伪技术方面注入独特的经验和技术含量，以保证品牌的长久不衰。在种植方面，龙井一带属喀斯特地貌地区，其土壤呈PH值在4-6.5的偏酸性。陆羽《茶经》说，最好的茶叶生于"烂石"，所指的就是这种经长年风化形成的泥土层。喀斯特地貌具有水库的调节功能，雨水多时，它储存水分，干旱时，它提供水分。杭州是个江（钱塘江）河（运河）湖（西湖）海（东海杭州湾）四水俱全的城市，故龙井山一带一年四季云雾天气居多。云雾将太阳的直射光变成了散射光，而散射光有利于茶树体内蛋白质和氨基酸的充分分解。蛋白质是茶叶香气的主要来源，氨基酸是茶叶鲜嫩的主要成分。自然之手亲自缔造的这样的小气候，是龙井茶在其他同类中高出一头的物质原因。而大自然也是吝啬的，他锁定的西湖龙井茶的生长环境只有狮峰、龙井、云栖、虎跑大约4平方公里的圈内，在此圈外尽管也能种植龙井茶，但品质和价格就打折扣了。

　　龙井茶在采摘方面也与众不同，技术是相当考究的。龙井茶采摘有三个特点：一是早，二是嫩，三是勤。历来龙井茶采摘以早为贵，茶农常说："早采三天是个宝，迟采三天变成草。"通常以清明前采制的龙井茶品质最佳，称明前茶，谷雨前采制的茶称雨前茶。另外采摘时强调细嫩和完整。只采一个嫩芽的称"莲心"；采一芽一叶，叶似旗、芽似枪的，称"旗枪"；采二叶初展的称"雀舌"。通常制造1公斤特级龙井茶叶，需采摘七八万个细嫩芽叶，其采摘标准是完整的一芽一叶，芽叶全长1.5厘米。每到采茶季节，茶山上几乎天天可以见到三五成群的采茶女身挎茶篓，用熟练的双手采摘细嫩的龙井茶。全年茶叶生产季节中要采摘30批左右，采摘次数之多也是龙井茶特有的。当然价格也就相差多了。

　　龙井茶在其他同类中高出一头的非物质原因，是龙井茶农掌握的散茶独特的炒制加工和保鲜技术。龙井茶炒制有十大手法。一是"抓"，抓住茶叶沿锅壁往复运动，使茶叶成朵，抓直成条索；二是"抖"，将攒在手掌上的茶叶，上下抖动，均匀地撒在锅内，使茶叶受热均匀，散发叶内水分；三是"搭"，抖后即反掌向下，顺势朝锅底茶叶搭压，搭力由轻渐重，使茶叶自然成扁平状；四是"拓"，手贴茶，茶贴锅，将茶叶从锅底沿锅壁伏贴地拓上，以保持并促使茶叶扁平；五是"捺"，手法和拓相似，与拓的方向相反；六是"推"，把抓到靠身边锅壁上的茶叶，手掌控制并压实茶叶，用力向前推出，使茶叶扁平光滑；七是"扣"，手法与抓相似，在往复抓、推中扣紧茶叶，茶叶条索紧直；八是甩，把拓起来或抓在手中的茶叶利用转动之势，迅速

◆ 这是明代花瓶上的绘图局部，描绘的是当时茶农烘炒茶叶的场景

在手中作交换，使叶片包住茶芽，起到理条作用；九是"磨"，在抓、推时做快速往复运动，增加手对茶、茶对茶、茶对锅壁的摩擦，增加茶的光润度；十是"压"，在抓、推、磨的同时，增强对茶叶的压力，让茶叶更趋平实。

看龙井茶农炒茶，好比看武馆里的徒儿们在滚烫的铁锅里练铁砂掌，于80–120℃的温度下，全凭手掌一掌一掌将茶叶压成两头尖、中间宽的"碗钉形"，煞费一番功夫。这种特殊炒制手法和形状是当时龙井茶的技术壁垒和防伪手段，其他散茶通常只能炒制成卷条形和珠球形。几百年来，龙井茶就是靠这些独门暗器维护品牌尊严，谨防假冒。然而，时光流转到了21世纪，其炒制技术的达芬奇密码早被破译了不说，还简单到可以用机器加工。龙井茶的好日子也算到头了。

龙井茶的保鲜技术也是一绝，当地茶农守望着这最后的技术壁垒。直到20世纪50年代，在建设新安江水电站需要迁徙人口和古建筑时，从遂安县的一处古塔内发掘出一只大缸。考古人员从缸的形制和上面所刻的年代证实，这是一只明代大缸。他们小心翼翼地打开密封的缸盖，只见一缸黑乎乎的木炭。把木炭起走，再掀起一层薄薄的桃花纸，一股茶香扑鼻而来。满缸的绿茶历经四百年，依然绿香如故。除此以外，用任何现代技术储存兼保鲜，都无法达到这一效果。至此，龙井茶保鲜技术的秘密才初露端倪。切不要以为你已经掌握秘方可以如法炮制了，这里头玄机还多着呐：如何放，何时入，何时出都和地气、节气、天气有关，其秘密在一代又一代龙井茶农的肚子里藏着，遵祖训至今不向外人道。

"上有天堂，下有苏杭。"杭州人至今想不出比这更好的广告词。这话流传于明朝，有谁知道，当时它是龙井茶的广告语。现在仍有不少老外不知道杭州，不知道西湖，却知道龙井茶。

茶到了明朝，简约但不简单。绿茶、红茶、白茶、黄茶、黑茶、青茶汇集成茶的七彩大世界。当时散茶制作，除了龙井茶有其传统工艺外，其他茶区都缺乏经验，靠道听途说或者眼球偷学来的三脚猫技术，做出来的茶叶不是老了，就是变色了，不留神倒使茶叶品种多样化起来。比如绿茶的基本工艺是杀青、揉捻、干燥。当绿茶炒制工艺掌握不当，杀青后未及时摊凉及时揉捻，或揉捻后未及时烘干炒干，堆积过久，使叶子变黄，产生黄叶黄汤。黄茶的产生是从绿茶制法不当演变而来。明代许次纾《茶疏》（1597）记载了这种演变历史；又比如绿茶杀青时叶量过多、火温低，使叶色变为近似黑色的深褐绿色，或以绿毛茶堆积后发酵，沤成黑色，这是产生黑茶的过程。黑茶的制造始于明代中叶，明御史陈讲疏记载了黑茶的生产（1524）；红茶是在茶叶制造过程中，人们发现用日晒代替杀青，揉捻后叶色变红而产生了红茶。最早的红茶生产从福建武夷山的小种红茶开始（始于元朝），逐渐演变产生了工夫红茶；青茶介于绿茶、红茶之间，先是按红茶制法，再按绿茶制法，从而形成了青茶制法。青茶起源于明朝末年，最早在福建武夷山创制。烹出之时，半青半红，青者乃炒色，红者乃焙色.这就是现在乌龙茶的制法；白茶，原先是指偶然发现的白叶茶树采摘而成的茶，到了明代发展为不炒不揉而成的白茶。有人厚爱白茶是因为它只经生晒，几近自然，清翠鲜明，尤为可爱。白茶最初是指干茶表面密布白色茸毫、色泽银白的"白毫银针"，后来经发展又产生了白牡丹、贡眉、寿眉等其它花色。此外，花茶也随机得到发展。茶加香料或香花的做法在中国已有很久的历史。到了明代，窨花制茶技术日益完善，且可用于制茶的花品种繁多，据《茶谱》记载，有桂花、茉莉、玫瑰、蔷薇、兰蕙、橘花、栀子、木香、梅花九种之多。

明代的龙井茶产区就像当年赵国的邯郸，很多人来学邯郸人走猫步，结果猫步没学会，学成了三脚猫。三脚猫没法走直线，就剑走偏锋，创新了自己的形体语言。久而久之，另类反倒成了主流。眼下国际茶叶市场红茶销量占到85%就是例证。

做散茶犹如写散文，形散而神不散。明代人最终摈弃了两宋茶文化的精致，找到了茶的另一种神韵。茶文化到了宋代，已经不是喝茶，而是玩茶。小小团饼上可以雕龙画凤，包装则是丝帛其内，红木其外，金银牙玉镶其边，直把团饼做金饼，一饼茶卖到几万贯。当今市面上过度包装产品的风气，盖源出于此。摈弃龙团凤饼，乃是摈弃一种奢靡的不正之风，是茶业界的一场革命。明代茶文化倡导简约，在简约之中直接见出茶的精气神，就像秃子、矮子、丑人普遍精明，是因为其人生精华不再配送给头发、骨节和五官，而直销往脑子去了。明代人泡茶喝，被现代茶学家称为"自然派的撮茶法"，然而这不是简单的自然回归，而是达到了美学上所谓"炼如不炼"的境界。几千年的茶文化精华一朝凝聚，看上去大富若贫。世上任何对立统一体都是一块儿童跷跷板，按下这头，起来那头，贫和富是如此，简约和繁复亦然。明初朱元璋按下了团饼茶这头，以散茶取而代之，喝茶用的茶具那头跷了起来。明朝的茶叶再也不是金枝玉叶，走进寻常百姓家，客人来了，撮上一小撮茶叶，用开水一冲，客人刚落座，清茶一杯已经端在手上。客人说谢的同时欠身将茶置于茶几。茶几这玩意儿，是明朝的专利产品，用途就是让客人接茶、喝茶时不忘欠身向主人表示敬意。茶不可满杯，浅茶和满酒一样都是对客人表示欢迎。浅茶的意思就是待续，始终保持热度，表示主人的留客意愿。如果彼将茶倒得满满的给你端上，你就要识趣点了，喝几口赶紧走人。你一走，茶也就凉了。喝撮茶有如用快餐，除了这点穷讲究外，就再也玩不出新花头了。

就在这时，随着跷跷板一头慢慢升高，讲究的东西来了。它不是茶，却和茶同一个爹妈——泥土；泥土不是茶，确是茶最需要的伴侣。江苏宜兴一带的紫砂壶像一只熬白了头的鸳鸯一样这时找到了自己的另一半。从此，它们形影不离，相爱得要命。茶对壶说：亲爱的，我在你的心里，你让我好温暖；壶对茶说：达令，你在我的嘴里，你让我好潇洒。紫砂壶店老板看到它俩那么缠绵，来了灵感，随口就是一幅对联：为好茶找到好壶，为好壶找到好茶。横批是：糊里糊涂（壶利吾图）。

不过，盛行于明朝的宜兴紫砂壶内功确实了得。它是大人模仿小孩玩的尿泥游戏。玩着玩着玩真了，玩大了。紫砂壶是用盛产于江苏宜兴、浙江长兴一带的紫砂泥制作而成的，有紫泥、红泥和绿泥（米黄色）三种。这三种泥由于矿区、矿层分布的不同，烧成时温度稍有变化，色泽则变化多端。其中，以紫、红、米黄三色为紫砂器的本色。而紫有深浅，红又有浓淡，黄则富有变化。如果辨色命名，则有铁青、天青、粟色、猪肝、黪肝、紫铜、海棠红、珠砂紫、水碧、沈香、葵黄、冷金黄、梨皮、香灰、青灰、墨绿、铜绿、鼎黑、棕黑、榴皮、漆黑等。紫砂泥开采出来后，首先经露天堆放，风吹雨打数月后，自然松散如黄豆大小，再用石磨或轮辗机碾碎，用不同规格的筛网筛选后，加水拌匀掇成湿泥块，俗称生泥，再用木槌反复敲打，成为可以制作用的熟泥。

紫砂壶有保持茶汤原味的功能。其透气性能好，泡出茶来既不夺茶香气又无熟汤气，故用以泡茶色香味皆蕴，且长久抚摩手感非常好。紫砂茶壶具有双气孔结构，能吸收茶味，使用一段时日后，就是往空壶里注入沸水也有茶香；具有耐冷耐热的特性，寒冬腊月，注入沸水，不因温度急变而胀裂；而且砂质传热缓慢，无论提抚握拿均不烫手。除造型花样百出外，紫砂壶面可以将中国的诗书印画同时表情于上，在实用上又增加了艺术品的功能。有嘴不会说话的紫砂壶用它的身体语言展示自己的高贵，展示壶主人的身份和个性、风格。它是茶的衍生产品，其价值却大大高于茶。和宋朝人不同的是，宋朝人制作金币茶，明朝人制作金壁壶；宋朝人玩茶玩到极致，明朝人玩壶玩到极致；宋朝人崇茶，可以称为茶人，明朝人重壶，最多只能称为茶客。明朝人在政治和文化的高压下，在简约中包藏奢靡，就像紫砂壶那样，外表俭朴，肚里则大有乾坤。所以，一把好的紫砂壶，在现今的古董市场上，可以卖出上百万乃至上千万的天价。这就是不简单的简约，不豪华的奢华，不表白的

◆ 紫砂壶

明白。这就是明朝的茶文化特征。

和任何朝代一样，明代的茶文化少不了文人推波助澜。明代几乎和欧洲同步进入以个性解放为主义的文艺复兴时代。明朝的城市是从宋元两代城市的基础上发展而来的。目前中国版图上的城市极少建成于明代之后。城市的三教九流里，多了资本家一流，表明明代的城市机能已经完全成熟。明代的茶业也是从宋元两代发展而来的，不过适应时代需要，进行了大胆的改革，促进了茶的生产和贸易，尤其是国际贸易。一部分欧洲人就是从那时开始喝上了中国茶，并传到英国使之成为世界最大的茶叶消费国。明代的文化脉络里依然流着宋元两朝的精血。从宋元话本衍生出明代小说，造就了一批职业小说家；从元杂剧衍生出昆曲、徽剧、南戏以及各地的曲艺梆子戏等，造就了一批职业剧作家。从宋元书画艺术中衍生出唐伯虎、祝枝山等职业画家。

如果说明代文化是最世俗化、最平民化的文化，那么其始作俑者就是明代的这批职业文化人。从朱元璋时代，他们夹缝里求生，在市井小巷、茶馆、书场、戏院里找到了自己的发展空间。市井生活的无拘无束，潇洒快乐，使他们厌恶功名，再也不愿回到学术象牙塔或者去争当什么御用文人。久而久之，代代沿袭，即使后来社会环境相对宽松，他们也吃了秤砣铁了心，再不回头了。

按照历史唯物主义的方式推论，由于明代社会生产力的提高，人们在劳动之余，有了较多的剩余时间，就需要精神文化的消费。文化成了生产力，作家也成了社会分工中的生产者。

写作成了职业。明中后期文化禁锢不再那么严厉，文人们可以较以前更轻松地发散他们的创作能力。不考虑任何偶然率，这样的推论倒也不失为用最短篇幅解释最复杂社会现象的简约方法。难怪现在的历史教科书乐此不疲。

现在，职业文人们可以坐在家里，边喝着茶，边激扬文字。由于他们生活在民间，了解民间各色人等的喜怒哀乐，更了解民间读者爱读什么。民间读者文化不高，所以明代小说开了中国白话文之先河。民间读者喜欢道听途说，打听别人隐私，看书时便对号入座，所以明代小说一般都写城市平民身边的故事，好像如见其人，如闻其声，如"三言二拍"。读者眼里读着小说，脑子里把自己熟悉的人一一排队，对号入座，东家的小姐如何红杏出墙啦，西家的寡妇如何古井重波啦，邻家的那个坏男人如何勾引良家妇女啦，对门的商人如何偷奸耍滑啦，后院的小人如何挑拨离间啦……反正人心不古，世风日下，该对他们有点惩罚。所以中国小说一般都以善有善报，恶有恶报结尾，并附有对人物事件的总结性评价。这不，看到自己讨厌的人下场不堪，自己喜欢的角色最后终成眷属或者洗清不白之冤，功德圆满，不禁感到解气、解闷、解乏。至于自己，应该怎样盯梢马路上的美眉，怎样设计捉弄欺行霸市之徒，怎样见人说人话，见鬼说鬼话等等，书中一一都有对应人物做样板或提供答案。读者喜欢大团圆的结局，所以明代的小说、戏曲一般模式都是小姐逛街遇奇缘，私定终身后花园。落难公子中状元，最后结局大团圆。生活中不如意的事十有八九，盼头就是有一个好结局。哪天时来运转，苦尽甘来，天上不仅掉

◆ 惠山茶会图（明文徵明绘）

馅饼，还会掉下林妹妹。苦了半天，就为这么个念想。所以中国人说好死不如赖活，或者戏言：中国人死都不怕，还怕活着吗？都是这种不幸而又不争的期盼心理的折射。明代作家、剧作家就是以此来吸引读者眼球和满足其心理需求的。读者还喜欢看的是生活中不能对人说的另一面——性生活。作家们写色情小说几乎个个拿手，根本不用字斟句酌就可以一气呵成。出版商拿到这类小说稿件，字迹是异常清晰，很少涂涂改改，排版工、校对也几乎不费眼神，出版速度之快超乎寻常，且一版再版。作者赚足了稿费，出版商赚足了利润，读者则夜以继日，且想入非非，读坏了身子。明代这类小说占了很大比例，具有中国第一"色情小说"之称的《金瓶梅》，其色情描写流传之广，对后世文学的影响之大，是没有哪一部小说能与之相比的。现在还能看到的流行于明朝的色情小说刻本还有《剪灯新话》、《欢喜冤家》、《宜春香质》、《如意君传》、《情史》和《隋炀帝艳史》等十二三种。这些作品中，都有大量的、露骨的"床上戏"。除此之外，那些较为隐晦但仍以描写男女之情为主的才子佳人小说，就更是多得难以计数。除了文学作品，明朝春宫画的出版发行量，也不亚于色情文学。据汉学家高罗佩（荷兰）考证，明朝时的春宫画在其鼎盛时，印刷竟使用了五色套印，其水平之高，画面之美，至今令人叹为观止。这些色情文学，在四五百年之后的今天还能见到，足见当时的印数之多，流行之盛。

明代的文人，靠写字填词作画，尤其入主色情文化，给他们带来丰衣足食的生活。他们用笔名写作（笔名就是从明代开始的），用真名领取润笔（稿费）。饱暖思淫欲，有了钱，他们到处游山玩水，兴致好的写一两本游记，如徐霞客；有了钱，他们泡茶馆，下馆子，混澡堂（所以澡堂在南方又叫混堂），早上皮包水，晚上水包皮。他们也玩茶玩壶，为茶为壶高唱咏叹调，如王阳明、屠隆、徐文长、李笠翁、黄宗羲等。明代是有茶以来中国历朝历代茶书出版最多的时代，流传至今的大约有五十多种，主要有：张源《茶录》，熊明遇《罗岕茶记》，罗廪《茶解》，闻龙《茶笺》，屠本畯《茗笈》，屠隆《茶说》，朱权（明太祖朱元璋之第十七子）《茶谱》，朱曰藩、盛时泰《茶事汇辑》，佚名《泉评茶辨》，田艺蘅《煮泉小品》，胡彦《茶马类考》，徐献忠《水品》，陆树声《茶寮记》，徐渭（文长）《茶经》，高叔嗣《煎茶七类》，陈克勤《茗林》，高元《茶乘》，何彬然《茶约》，许次纾《茶疏》，汤显祖《别本茶经》，程用宾《茶录》，罗廪《茶解》，喻政编刊《茶书全集》，夏树芳《茶董》，王启茂《茶铛三昧》，周高起《阳羡茗壶系》，冯可宾《岕茶笺》等等。

但他们皆非陆羽所说的"精行俭德"之人，因此不能算作茶人，只能列入茶客人名词典。有例为证的是，明代最负盛名的茶学家、茶诗人屠隆常年纵情酒色，最后竟得花柳病全身溃烂致死。这在当时可是不治之症，经现代科学论证，茶可以防治包括口腔、消化道、淋巴等癌症在内的大部分疾病，就是对类似非典、梅毒这样的病毒性疾病没有作用。所以屠先生喝再多的茶也于事无补。

明代的茶文化物化在文人雅士的茶壶里，明代的茶人茶

煮茶图（明丁云鹏绘）

事也同样形象化在形形色色的小说里。李渔小说《夺锦楼》第一回："生二女连吃四家茶，娶双妻反合孤鸾命。"说的是鱼行老板钱小江与妻子边氏为两个女儿招亲的事。钱老板要把女儿许人，钱太太要招女婿进门，两人各自瞒天过海，导致两个女儿吃了四家的"茶"。一女几嫁，这在当时是要坐牢的。这里的"吃茶"，就是指女子受了聘礼定了亲，是明代的婚俗中的开场白。《金瓶梅》写喝茶的地方极多：有一人独品，二人对饮，还有许多人聚在一起的茶宴茶会。无论什么地方，客来必敬茶，形成风尚。在西门庆和潘金莲之间穿针引线的王婆就是一茶馆店老板娘。她主要供应各种保健茶和花茶，类似广东茶馆。其中提到的有：胡桃松子泡茶、福仁泡茶（福仁，当指福建的经过加工的橄榄，俗称福果、拷扁橄榄）、密饯金橙子泡茶、盐笋芝麻木樨泡茶、果仁泡茶（果仁指杏仁、瓜仁、橄榄仁之类）、梅桂泼卤瓜仁泡茶（梅花、桂花、玫瑰入茶）、榛松泡茶、咸樱桃泡茶、木樨青豆泡茶、木樨芝麻熏笋泡茶、瓜仁、栗丝、盐笋、芝麻、玫瑰泡茶、土豆泡茶（此处的"土豆"是指土芋）、芫荽芝麻茶（芫荽，俗称香菜）、姜茶、六安雀舌芽茶等等，足见明代茶品种之丰富。如果现在把它们开发出来，无疑是最好的健康饮料，将会大大减少碳酸和防腐剂饮料喂出来的胖子和三高患者。

明代的茶文化在文人们的合力推动下走向世俗，走进千家万户，散茶发扬光大，七彩照耀，厉行了千年之久的团饼茶在明代一朝消亡，而散茶和撮茶冲泡喝茶法至今还在不断深化，不断发展，不断被证明这是最科学、最简便的喝茶方式。明代的茶文化和市井文化的融合，也是今天茶和麻将、扑克、电玩、餐饮等娱乐休闲文化相结合的古代先例。所以说明朝是中国的文艺复兴时代，中国古代的改革开放时代，不是没有依据的。随着满清入主，中国茶文化成了皇帝新宠，开始进入茶文化的时尚时代。

第八讲

时尚时代

公元1644年是中国农历甲申年，也是十二生肖中的猴年。早在一千年前，唐代有个预言大师李淳风，一日仰观天象，发现太白星居然在大白天闪闪发亮，耀居中天。他掐指一算，吓出一身冷汗。早听说民间已到处流传说唐三代以后，女主武王有天下，而只有他知道，此女此时已经在宫中。这时，有史官向李世民上奏，朝廷将要出现"女主昌"局面，大势十分不妙。太宗皇帝将身边女人的花名册调来一阅，发现只有一个姓武的"才人"，什么时候宠幸过，年已老迈的李世民已经不大有印象了。但既然发现敌情，就只好格杀勿论，以绝后患。这时，李淳风站了出来，向太宗皇帝讲了一个类似童话《睡美人》的故事，大概意思就是告诉太宗皇帝，天意是不可违的。这件事你防也好，不防也好，就像击中公主的那只纺锤一样，到该发生时它总要发生。你杀了一个武媚娘，她只是在你身边而已，不在你身边的武媚娘何止千百个。唐太宗只好叹口气，立嘱在他死后将武媚娘打发到感业寺当尼姑了事，反正两腿一伸以后，帝国兴亡听天由命吧。日后的武则天应该大大感谢李淳风的救命之恩。

李淳风继续他的星象学研究，他不断地推算，算到以后千年的王朝更替，不禁忘情，寝食不思，直到被他的搭档，一个叫袁天罡的术士推了一下他的后背说"大哥，不要再算啦！"他才罢手。此时，他已经推算出了六十个卦象，还少四个没有算好。这就是流传至今预言千年兴衰的古代奇书《推背图》。这部预言书，其预测的时间之长，准确性之高，堪称世界之最。

一千年以后的甲申年，早在李淳风的大预言中，他描绘了这样一幅图景："甲申年来日月枯，十八孩儿闯帝都，困龙脱骨升天去，入塘群鼠皆欢呼。中兴圣主登南极，勤王侠士出三吴，二百十年丰瑞足，还逢古月照皇图。"其中将明朝的衰亡（"甲申年来日月枯"。日月即明朝）；李自成打入北京（"十八孩儿闯帝都"。十八子即李）；崇祯皇帝走投无路最后投缳自尽（"困龙脱骨升天去"）；由于吴三桂降清而使清军顺利入主中原。明朝群臣纷纷改换门庭，留起了和满人一样的老鼠尾巴，向满清皇帝山呼万岁（"入塘群鼠皆欢呼"）。南明王朝建立，史可法、郑成功、夏完淳等一些爱国将领退到敌后继续抗清。江南文人也纷纷为抗清力量筹集资金，从事地下工作，组织秘密帮会（哥老、天地会等），或者直接奔赴反清复明第一线（"中兴圣主登南极，勤王侠士出三吴"）。然而，历史的车轮不会倒转，就像对武则天的预言一样，清朝必定取代明朝而成为推动中国历史的强盛帝国，而由清太宗皇太极于1636年在关外盛京（沈阳）建立清帝国到1840年第一次鸦片战争外国列强用重炮轰开中国大门，使中国成为半阴（封建）半阳（殖民地）人的时间几乎正好二百一十年（"二百十年丰瑞

◆ 预言千年兴衰的古代奇书《推背图》

足，还逢古月照皇图"。古月为胡，古代汉族人称北方少数民族为胡，南方少数民族为蛮）。短短四句，七八五十六字就把明清两代的历史嬗变，尤其是1644甲申年的历史突变如数家珍般道来，如电脑程序般准确无误。明末清初陈公献所作的占卜经书《大六壬指南》中的"兵斗章"也用六壬卦象显示了甲申年李自成如何用兵，崇祯左右如何献城迫使崇祯上吊煤山的军事、政治路线图表述得线条非常明晰。而从测字学来说，甲申二字都从田，对中国人来说，田是最重要的人生财富。田里生根为人生第一要义，故甲的意思就是第一。申者，则不仅田里生根，还要出头。和田打交道的是农民，所以农民出头打江山谁也拦不住。反之，因为农民根在其田，离开了田坐江山也坐不住。李自成进京四十天，登基才一天，就卸甲溃逃，最后不知所终。猜想要么死在逃亡路上，要么隐姓埋名，继续当他的农民。而满人是游牧民族，本来就没有田地的概念。他们和蒙古人一样，要的是疆土和版图。而疆土是要靠硬弓利箭去夺得的，扳倒田地上生根出头的人，这天下就是他们的疆土。所以他们不是田字派，而是疆字派（疆字也是两个田字组成，不过田字再也不出头、不生根了。同样，疆土不仅靠弓箭夺得，也靠弓箭保卫，所以土字就在弓字的里面了。在这里，我们不禁要惊叹老祖宗仓颉造字之奇，对其一拜、再拜至三拜）。清朝通过征服手段打下疆土。清朝的版图是明朝的三倍多（明朝的疆土只有三百多万平方公里），即使后来国家式微，割地几百万平方公里向列强求和，仍保有近千万平方公里疆土。就算整部《推背图》都是后人附会的，或者对1644甲申年的大预言是后人假冒的；就算测字术、占卜术都是荒唐的，都不影响本文借用于对当时社会历史背景的叙述。

就像对所有朝代一样，后代的历史写手们又一次利用演义的手法，把明亡的历史责任间接地栽到一个女人头上。这个女人就是秦淮八个超级美眉之一的陈圆圆。陈圆圆是苏州昆山人，典型的江南女子，小鼻子小嘴儿，肤色如玉无瑕，长得美不胜收。昆山是昆曲的发源地，也是书香锦绣之地。耳濡目染，陈圆圆从小就才情横溢，能歌善曲。只可惜没有家庭背景，只好沦落风尘。那年国舅田弘到江南选美，一眼就看上了当时已成秦淮名妓的陈圆圆，遂把她安排到崇祯皇帝身边工作。崇祯皇帝对圆圆倒是一见倾心，相比之下，自己穿着一身打了补丁的黄袍，吃的咸菜萝卜，在美艳照耀下有点寒碜；再加上当时国家已危如累卵，让他整天心情郁闷，下半身总有点力不从心。罢了罢了，他对自己的舅子说，那么重的礼，我受不起；人家金枝玉叶，看着我整天眉头打结，心里也不好受。还是让她来处来，去处去，还给你好生养着吧。陈圆圆就是在被皇帝退货以后，在田弘府里邂逅的山海关总兵吴三桂。三桂那时属国之栋梁，青年才俊一类，是田府的座上客。他对陈圆圆也是一见倾心。于是早也来朝拜，晚也来朝拜。天道酬勤。吴三桂的腿勤，逐渐赢得了小姐芳心，爱情之舟开始起锚扬帆。然而，总兵总是要带兵的，吴三桂趁着假期搂草打兔子，现在得归队了，两人依依不舍。吴三桂驻守山海关，前方尚与清兵对峙，弓弦紧绷，后院又起火了。李自成打进了北京。老李从吴三桂家中发现了一枝独秀的陈圆圆，这世上又多了个一见

倾心的主。将陈圆圆房在身边的日子，老李的人生观都发生了
天翻地覆的变化。他再也不杀人如麻，对自己的战利品彬彬有
礼，变得仁慈起来。他剃干净李逵式的胡茬和胸毛，洒上点古
龙香水，举手投足，变得温柔起来。这样的男人，倒不由得令
陈圆圆有点喜欢起来。

　　话分两头。当远在边关的吴三桂听说和自己海誓山盟的
女人当了李自成的人质时，顿时血压升高，恨得每根头发都充
血直立，又苦于不能驰援相救，冲动之下，与清军总司令多尔
衮城下结盟，打开山海关，借清军之力消灭情敌，夺回情人。
"冲冠一怒为红颜"便由此而来。李自成在大顺皇位上只坐了
一天，就在清军铁蹄声渐近时仓皇出逃。临走，他想带上陈圆
圆。但陈圆圆一直身在曹营心在汉，"其实不想走，其实我想
留"。她略一放电，几句话就说服了这个老陕。她说：陛下，您
犯不着受累把我带着走。吴三桂要的是我，而不是您的大顺。
您只要把我留下，吴三桂肯定对您停止追击。否则，您跑到天
涯海角他也会追上来。我是为您老人家好，听不听当然由您
啦。李自成听了，觉得言之有理，所以把陈圆圆留了下来。在告
别的时候，陈圆圆还秀出一副"你撤退，我掩护"的悲壮形象，
说不定还唱了"××的风采"之类的英雄骊歌。

　　由于陈圆圆的粉丝都是改写中国历史的顶级人物，她的
地位就好比是埃及艳后克里奥佩特拉的中国翻版，周旋于男人
之间，挑动男人斗男人。其实这哪儿跟哪儿的事。人家克里奥
佩特拉好歹是个王后，她挑起凯撒和安东尼之间的自相残杀是
为了复国；陈圆圆不过是一个风尘女子，亡国复国之事与她何

干？通过陈圆圆的故事，可以看清一点，清朝直到民国的文人对待历史基本上是随意性的演义，可采信者凤毛麟角。陈圆圆站在历史的三岔口，不过是这场演义中人物、情节的串联者而已，因为她是个超级美眉。她的在线，增加了点色彩，增加了点茶余饭后的谈资。夸大她的历史作用又何苦来哉。

清朝是在其第三代皇帝——顺治皇帝的任上入主中原的。当时的福临（顺治）还是个九岁的小孩。她的母亲大玉儿（孝庄太后）倒有点埃及艳后的味道。她明知是小叔子多尔衮害死了自己的丈夫皇太极，但她韬光养晦，不惜牺牲节操，也要让自己的儿子登上王位。她的目的达到了。儿子当皇帝，小叔子摄政。多尔衮这个摄政王当得很辛苦。对内，他要面对大玉儿母子俩，面对八旗的内部纷争；对外，他要面对明朝的残余势力，面对百废待兴的国家大事。然而，他的身份让孝庄皇太后弄得很尴尬，皇帝不是皇帝，丈夫不是丈夫，父亲不是父亲，主不是主，客又不是客。一个叱咤风云的男人，混到这个地步，一股窝囊之气直冲头顶，经常半夜醒来让自己的巴掌和嘴巴过不去。7年后，他带着满腹说不出的懊恼，向自己不明不白的一生拜拜了。死后他还留下自己的躯壳，让不明就里的少年天子鞭尸解气。他的灵魂站在一旁冷眼旁观，心想这下总该和这家人恩怨了结了吧。

中国的几千年草文化和亿万草民好像天生对游牧民族具有降伏作用。几千年来，西域和北方的游牧民族从来就没有把万喜良（孟姜女的的丈夫）们辛辛苦苦垒起来的万里长城当回事，倒是对城墙里边的世界充满了渴望。一茬又一茬的铁马金

◆ 孝庄太后像

戈冲进来想看个究竟，却没想到八公山上，草木皆兵。亿万草民编织而成的草文化的天罗地网，早就张开等着你往里钻呢。本来属于化外之地的清王朝，这下钻进罗网，早晚得给草文化化得不知道自己姓什么为止。

刚刚在北京建立政权的满族人还是比较天真的，以为用高压政策让汉人把脑壳像他们一样刨成个贵宾狗的模样，穿上带狗项圈领子和马蹄袖的奇装异服，语言文字中把有关明朝的内容全部删除，放入回收站清空，就能使这个庞大的民族就范。他们没有意识到，在他们企图以百万之众同化一个亿万之众的群体之前，他们的集体无意识已经被汉化了。他们用的是汉字，说的是汉话，学的是汉文化，吃的是汉食。几代人下来，除了头发和衣服，哪里还有一点少数民族的味道。

一个新的政权总要搞出点新意思，锐意改革有可能是前进，也有可能是倒退。但凡在他们搞新意思的地方，都反映出一种政治和文化的弱智。比如，明朝因为立储问题引发出诸多事端。清朝汲取教训，皇帝生前不立储。顺治皇帝写下"正大光明"四个大字，做成金字大匾挂在乾清宫的正殿上方。清朝忌讳明字，为此许多人头落地，而这块匾上，大大一个明字，谁见了都分外扎眼。但即使搞文字狱最凶的康乾两朝皇帝也不敢把它摘下，因为这匾后另有对他们生杀予夺的玄机。从顺治开始，就把立储作为遗嘱，那时没有律师楼，也没有公证处，遗嘱就藏在这明字匾后面的梁上。皇帝死了，才能在所有顾命大臣在场的情况下把遗诏打开。当皇帝就像买彩票，全凭运气，不知道谁会中头彩。顺治以为这样沿袭下去，每个皇帝至少生前可以睡上安稳觉。他哪里知道如此暗箱操作所引发的不再是明争，而是可怕的暗斗。

顺治24岁就驾崩了。野史记载此前他突然看破红尘，一心向佛，甚至剃度当了和尚。孝庄太后在对儿子失望之余，率先违反游戏规则，让人捉刀代拟顺治罪己诏，自立孙子玄烨为康熙皇帝。而康熙皇帝自己也同样遭此困扰。他精力旺盛，一生干了平叛统一、收复台湾、扩大疆土几件大事，床上功夫也不含糊，生下了三十几个儿子。照他的意愿，真的是想再活五百年。然而自然法则让他必须在近一个排的儿子中做出选择。如果按明朝的立储规矩，那很好办，最早钻出娘肚子的那个就是接班人。而他的老爹立下的规矩让他左右为难。这些皇子，个个都是帅哥，而且个个才华出众，各有所长。打仗没让他昏倒，而一看到那张皇子名单，他经常犯晕，血压升高手冰凉。估计他是用抓阄的方式选了并不出众的四子胤禛为下届皇帝，即雍正皇帝。

雍正当时的韬晦和后来的勤政，证明了康熙的选择没有大错。但雍正铁腕的一面也引来野史演义家们对他的诋毁。其罪有二：一是篡改先皇遗诏，将"传位十四子"改为"传位于四子"；二是兴文字狱，以科举作文题"维民所止"喻雍正掉头为罪名，杀出题官吕留良。报应亦有二：其一，在位仅十三年，是康乾盛世最短命的皇帝；其二，死于非命，被吕留良女儿吕四娘为报父仇用血滴子（类似印第安人飞去来器）卸了脑袋，塞进裤裆。说到这里，我们确实有点讨厌清代造就的野史作家的胡编乱造了。如此文风，实在有辱写作这门职业。

不过，清朝很多皇帝在先帝在位时不敢有所作为，以及临终之前遭此困扰却是事实。嘉庆是如此（乾隆在位时不敢对和珅下手），咸丰也是如此（临死前安排两宫皇太后垂帘听政）。再比如，清朝的皇帝看上去都很勤政，每天要批阅大量的折子，清晨三四点钟就要起身更衣上朝，折子多时通宵没得休息。而像雍正这样特别勤政的还要多加工作量，额外批阅各地线人呈上来的密折（相当于内参），所以看影视剧里的皇帝都累得腰酸背痛，有时只好躺着把大臣叫到卧室布置工作。这是因为清朝废除了明朝的内阁制度，建立了只挂号，不看病的军机处。军机没有裁判权，皇帝一人乾纲独断，不累死才怪。其实，明朝的内阁制是很先进的社会制度，是现代君主立宪制的雏形；引申开去，也是现代企业制度的雏形。皇帝是董事长，他负责制定根本大法（宪法）和任命总经理（首相或总理）。总经理对董事长负责。总经理再组织工作班子（内阁）对自己负责。明朝若不亡，内阁制还将可能引申出议会制，率先变成一个君权、相权、法权（或者说所有权、经营权、监督权）三权分立又互相监督、限制的民主与法制的国家。欧洲进入资本主义时代，首先从中国学的就是明朝政体。在这种制度下，皇帝是可以不必每天上班的。他只是国家的法人代表、董事长。而清朝摈弃了这种先进的上层建筑形式，又回到事必躬亲的小农经济社会制度中去了。

再比如，清朝皇帝以一种内陆原住民，尤其是游牧民族的心态彻底否定了明朝郑和下西洋带来的对外开放的成果。从康熙开始，为了对郑成功等明朝残部的海上骚扰实行坚壁清野，于东部沿海地区全面实行海禁，不仅寸帆不得出海，在福建还将所有沿海居民内迁30里，制造无人区，以切断郑成功的粮草来源。郑成功急了眼，只好找盘踞台湾的荷兰海盗去拼命，把台湾作为根据地，保证部队的后勤来源。结果真的成功了。郑成功一不留神成为光复台湾的民族英雄，供万世景仰。康熙出于战略需要出此策，亦无可非议，但客观上中国从此闭关锁国近二百年，直到19世纪国门被西方列强一脚踢开。评估一下此举带来的后果，至少使中国回到唐朝以前，倒退了一千年。

又比如，满清生成于白山黑水之间，自从统一全国，定都北京后，开始乐不思蜀，进而数典忘祖。只见康熙、乾隆等皇帝不断下江南游山玩水，却从来没有听说哪个皇帝常回东北老家看看，即便八国联军打进北京，慈禧太后也不知道往老根据地盛京跑，偏偏取道人生地不熟的山西、陕西。其实，几代人之后，满清已经被草文化腐蚀得差不多，反认他乡是故乡了。几百万平方公里肥沃的黑土地，他们的祖先生于斯、长于斯，现在在他们眼里是一片化外之地，流刑之地。几十万汉人被流放到那里，他们很快用草文化生生不息的伟大力量，把那里变成自己新的家园，以至吸引中原大量移民投奔到那里搞开发农业、畜牧业。这就是闯关东。直到八旗子弟好日子过到头时，才发现那块土地已经完全不属于他们了。狡兔还有三窟，他们连一个窟也没预留，以致于中国没有哪个民族像满族那样最后融化、消亡得那么似水无痕。

我们现在吃的东北大米都产自满人的家乡，但满人是个游牧民族，从来不事农耕，所以也不知那块土地的珍贵。他们的富庶，体现在东北盛产的人参、鹿茸、皮草，通过与当时明朝的边贸，换回他们认为珍贵的大米、丝绸、茶叶等。他们的文化，也停留在口口相传的民间故事或者英雄史诗的时代，无法和汉文化同日而语。而要面子是人与生俱来的本能。面子无处不在。为保全面子，有时必须付出生命代价。崇祯皇帝是死要面子才走上绝路的，而清朝入主中原以后更要用豪华的面子来掩盖其母文化虚弱的里子。他们就像穷人一夜之间成了暴发户，最不惜代价的就是给自己的面子镀金。清代皇帝十三代，个个都是最要面子的主。八旗子弟们的暴发户心态都体现在其层出不穷的面子工程上。其一，暴发户最怕别人揭他老底。而汉人大多是阿Q，老是拿出"我们先前，比你阔多啦"的面子理论，动不动来点回忆录，纪念文章，编几本明朝的书，加上点不合时宜的序跋或评点。皇帝来气了，龙颜大怒曰：小样的，现在是老子的天下。有你的面子就没了老子的面子。给我咔嚓了。

清代的文字狱不亚于明朝，而且自始至终，甚至可以不上报最高法院核准，就地正法。有人做过统计，明朝文字狱大案近三十起，而清朝达到五十多起。但清朝兴文字狱的水平比朱元璋来的高明。朱皇帝是刚刚过了看图识字阶段，对抠文嚼字特兴奋，所以什么文字到他这里，他都要横竖看上一遍。如果你上奏的本子，竖着看有"立早"两字，横着看隔壁一行正好有个"王"字站其边上，那你就该倒霉了，老子的名字是你随便能用的吗？不杀你还杀谁！而清朝皇帝汉文化水平都比较高，当皇帝之前受过严格训练。康熙下旨编辑出版的《康熙字典》收录并规范了汉字47000多个，成为现代汉语字典的范本。

这一面子工程给八旗子弟大长了一回脸。有了这本字典，你遣词造句都得看看皇帝的脸色，不识相的结果只能是掉脑袋。你吕留良什么字不好用，偏要用让雍正皇帝没头没脑的几个字；社会上什么谣不好造，偏要造雍正皇帝篡改遗诏的谣，还得让皇帝老子夜不能寐，奋笔疾书《大义觉迷录》辟谣，为自己挽回面子。以评点《水浒》出名的金圣叹，也是这号不识相的主。他对文字狱不满，喝过酒仗着酒胆，带着学生到孔子庙大声嚎啕，边哭边骂街，传到皇帝那里，骂街的内容走了大样，罪名当砍头。也许他只要写一份深刻检讨，表示当时是酒后妄言，再使点银子打通一下关节，就不至于死。但他死撑面子，玩黑色幽默。临死前一天，写信给儿子全文如下："字付大儿看,盐菜与黄豆同吃,大有胡桃滋味。此法一传,我死无憾矣。"临刑时喝了一大碗烧酒，酒话又来了：杀头，痛事也；饮酒，快事也，饮酒后杀头，痛快痛快。这让我们想起阿Q在绑去杀头时，看着街上看热闹的人那么多，突然想起要说些什么，于是大叫一声："二十年后又是一条好汉！"换来满街喝彩声，挣回点面子。你要面子，皇帝比你更要面子。皇帝是天字第一号有头有脸的主，涮他的面子，不是自己找死吗？

更何况，皇帝也不是蛮不讲理的。只要你给他面子，为大清王朝粉饰太平，就管保你项上脑袋无虞。清代诗人龚自珍给文人指明了退路："避席畏闻文字狱，著书都为稻粱谋。"就是告诫大嘴巴文人，别去参加文人雅集的茶话会。文人聚在一起，免不了要发牢骚，后果凶多吉少。没看到所有茶馆里第一视觉印象就是那幅大字：莫谈国事。人家老板也要吃饭啊。

没本事干别的，就在家里写书，想想一家老小，赚点稿费能过日子就行了，千万别愤世嫉俗招徕文字狱。到时倒霉的不是你一个，还有全家。清朝文人除了被杀头或者被流放的，剩下的都早已明白这个道理，所以蒲松龄写鬼故事，《聊斋》相当于现在的惊悚悬疑小说；曹雪芹把小说背景安排得扑朔迷离，人物要么像孙悟空一样从石头里蹦出，要么像《聊斋》里的《画皮》一样，从画里走出来。反正不谈明朝，不触及当代政治，虽没有给大清镀金，却也没有抹黑。无伤大清面子，差不多都能一路绿灯。

暴发户心态的第二个特点就是炫耀财富。过去上海的小市民，家徒四壁无法撑面子，于是再穷也要买条像样的裤子，没有熨斗但有办法，晚上睡觉时把裤子折好，压在枕头底下，第二天穿上照样像熨过一样裤线笔挺。相反，有钱的土财主，却从来不扎台型，不要虚头八脑的面子。他们把金银财宝埋在地下，平时精打细算，作出一付穷相，日子过得比穷人还不如。旗人不是小市民，也不是老地主，而是新暴发户。他们有的是财富。这些财富都被他们穿在身上，挂在腰间，戴在头上、脖子上、手腕上和十个手指上，走路时发出金银玉佩碰撞的丁零当啷的响声，是最动听的音乐。

从故宫藏品（展示于珍宝馆的只是其冰山一角）可以看出，清朝皇族的吃喝玩乐用具，非金即银，还要镶上满天星般的珠宝。清代皇帝恨不得把自己变成希腊神话里的迈得斯国王，上帝赐予他点金术，伸手所及，立马点铁成金，否则，靠各地岁贡还真来不及应付那么大的开销。他们彻底摒弃了明朝的简约之风，千方百计在豪华上下功夫，好像与银子有仇似的。金玉其外，造成了审美情趣的肤浅。清代的宫殿好大喜功，华而不实，除了体量上显示皇家气派外，其大红大紫大绿的色彩配置从里到外透着这个民族的稚气。

不过，审美这东西，不像钻石恒久远，一颗永流传，而是变数很大的。君不见，这种视觉对比强烈的大色块配置，成了后现代主义艺术的时尚，时尚所寻求的就是这份稚气。旗人炫耀财富的心态无所不在。吃不了，兜着走。在几年前还被看作是丢面子的事情，这大概也是受旗人爱摆阔的影响。满清贵族的财富炫耀病发作时，对着食物狂发泄。他们创下了吃的世界之最——满汉全席，令国人震惊，老外昏倒。满汉全席原是官场中举办宴会时满人和汉人合坐的一种全席。全席上菜起码一百零八种，分三天吃完。满汉全席取材广泛，熊掌、燕窝、

◆ 康熙南巡图（局部）

鱼翅、鹿茸、人参、驼峰、鸭蹼、雀舌，山珍海味几乎无所不包；全国各大菜系的烧烤、火锅、涮锅、扒、炸、炒、熘、煎等技艺几乎无所不用；宴饮时衣物首饰，装潢陈设，乐舞宴饮亦极尽豪华。餐具方面，光绪二十年（1894）十月初十日慈禧60大寿。寿日前月余，筵宴即已开始。仅事前江西景德镇烧造的绘有万寿无疆字样和吉祥喜庆图案的各种釉彩碗、碟、盘等瓷器，就达29000多件。整个庆典耗费白银近1000万两，又创满汉全席之最。满汉全席一年四季不断，有清朝皇帝为招待与皇室联姻的蒙古亲族所设的蒙古亲藩宴；有每年正月十六日举行的皇帝招待大学士及九卿中功勋者参加的廷臣宴；有庆祝清朝帝王寿诞的万寿宴；有皇帝招待离退休干部的千叟宴；有皇帝招待朝贡国或附属国使节的九白宴；农历各种节令还有节令宴等。现在，总算整明白北京话"晕菜"的来历了，谁要见了这样的排场，谁要连吃上三天一百多道菜，不吃"晕"了才怪呢。身为旗人的老舍对自己的民族作了这样的评点："旗人的生活好像除了吃汉人所供给的米，与花汉人供献的银子而外，整天整月的都消磨在生活的艺术中。上自王侯，下至旗兵，他们会唱二簧、单弦、大鼓与时调。他们会养鱼、养鸟、养狗、种花和斗蟋蟀。他们之中，甚至也有的写一笔顶好的字，或画点山水，或作些诗词——至不济还会诌几套相当幽默的悦耳的鼓儿词。他们没有力气保卫疆土和稳定政权，可是他们会使鸡鸟鱼虫都与文化发生了最密切的关系……就是从我们现在还能在北平看到的一些小玩艺儿中，像鸽铃、鼻烟壶儿、蟋蟀罐子、鸟儿笼子、兔儿爷，我们若是细心的去看，就还能看出一点点旗人怎样在微小的地方花费了最多的心血。"

暴发户心态的第三特征是附庸风雅。清太祖努尔哈赤十分重视对八旗子弟的教化，制定了最早的义务教育法。努尔哈赤重教化的目的，是让八旗子弟克服掉身上的蛮族习气，成为一个有文化的人。所以清朝旗人都从小就接受汉文化教育，骨子里逐渐被汉化了。汉文化是草文化，经过几千年的火烧刀砍仍生生不息，故颇有点自得自恋、自高自大、自命风雅。进京后的满人成了国家的主人，尊师重教的传统依然代代相传，科举殿试依然红红火火。为了掩饰其母文化的俗，在广大考生和汉族文人面前有点面子，清朝皇帝和贵族在学习方面都十分勤奋。康熙皇帝最学有所成，修为到家，成了文武全才。比古代帝王更全面的是他还爱好体育，通晓外语，因此还有点崇洋。国库里充裕的银子还不一定能买回面子，追求时尚，附庸风雅才是清朝的又一面子工程。康熙皇帝在这方面率先垂范，他写得一手好字，字体端庄持重，且又灵动多变。据说康熙下江南来到杭州，朝拜完灵隐寺，住持请题匾，康熙提笔欲书"靈隱禅寺"四个字，但"靈"字刚写上半截，发现写得大了，字的下半部分就不成比例了，重写又没面子。他不露声色，灵机一动，将"靈"字改成"雲"字，这下搭配得天衣无缝。雲字改了，下一个字咋办？好办，灵字还是不少了它，但用林字替代。这样一改，反而意境更妙，云在林中，林在云中，缥缈虚空处，乃"雲林禅寺"之所在也。老和尚站在一旁，对皇帝的才华佩服得五体投地。康熙亦视欧洲文化为时尚，从他开始，用几代人的时间，建成了世界上最美丽的欧洲花园——圆明园。乾隆又是个附庸风雅的主，他当皇帝期间天天要写几首诗，逮着什么写什么，几十年下来居然留下诗篇四万多首，相当于《全唐诗》的数量。诗写得不怎么样，但其精神极其可嘉，算下来每天写一首诗的话，他得写上110年。清朝康乾盛世大兴这样的面子工程尚可说得过去，而一百多年后，慈禧太后在国库空虚的情况下，不惜动用国防资金，死撑面子建成集中国各地园林之精华的皇家花园——颐和园，大清的面子工程到此为止可以说大功告成。但北洋水师的军舰变成了老佛爷的游艇，炮弹变成了晚会上的焰火，真乃古往今来"化干戈为玉帛"之范例也。

北京的茶馆是靠八旗子弟泡出来的，北京的戏园是靠八旗子弟捧出来的。他们由俗而雅的进化过程同时是一群狼变成流浪狗的退化过程，八旗子弟最后大都倾家荡产，连姓也丢了。

至于说清朝是中国茶文化的时尚时代，是因为茶与清朝两个附庸风雅，追求时尚的摩登皇帝形影不离。康乾两帝虽为祖孙，但情趣爱好似乎是隔代遗传，比起夹在中间的康熙的儿子，乾隆的爸爸雍正皇帝，两人要相像得多，而且从长寿基因来看也是祖孙两人更接近。爷爷活到69岁，孙子活了86岁。在民间传说中，这两位更是影形相随。爷爷去过的地方，孙子一定会去，爷爷在哪里题过字，孙子一定也会在那里留下墨迹。这爷孙俩都是旅游爱好者，尤其是爱往苏杭两地跑，爷爷去了三次，孙子去的次数比爷爷多一倍——六次。京杭大运河有舟楫之便是一方面；江南是当时的天下粮仓、丝府、钱库，苏杭又是有天堂美称的休闲之都是其二；以南巡考察水利建设，关心群众疾苦为名远离深宫，逃避没完没了的工作又是一方面。

还有一个原委，那就是茶者为南方之嘉木，苏杭两地是有明以来最重要的茶区。康熙和乾隆能够长寿，和他们爱喝茶而不饮酒大有关系。这祖孙俩不仅爱喝茶，还爱琢磨茶。康熙在宫廷里经常开茶会、茶宴，收藏和推介景德镇的精美瓷器茶具。乾隆则六次下江南，四次跑到杭州龙井茶产区看农民制茶，比爷爷多去了三次。龙井茶和碧螺春茶有了这两个皇帝级的产品代言人做广告，身价又陡然升高，交易市场里股指每天上升一个台阶，收盘于摩天岭制高点。直到民国，喝一杯龙井茶还要一块大洋，而那世道写字楼里的小职员一个月的薪水才十块大洋。这对祖孙皇帝对茶的爱好，对茶的恭敬，为茶的不惜笔墨，已经称得上茶痴；比那些玩茶的阔佬，玩茶文化的文人更具备高等茶人素质。

清代的茶文化因为有了皇帝的介入而变得时尚起来，有关他们的许多传说都与茶有关。相传公元1699年，康熙皇帝南巡苏州洞庭，巡抚令手下买朱元正家的茶进献。康熙见此茶卷曲成螺、茸毛遍布、碧绿隐翠，甚为可爱，当即命人冲泡品饮，觉得鲜爽生津、滋味殊佳，便问此茶何名？巡抚答道：叫"吓煞人香"茶。康熙说："茶倒是好茶，但茶名不雅。朕以为，此茶出自碧螺峰，形似螺旋，又值早春采制。就叫碧螺春吧！"遂让人笔墨伺候，提笔写下"碧螺春"三字。乾隆也不甘落后，要跟爷爷别苗头。传说当年乾隆到龙井考察时顺手采了些茶叶放到鼻尖闻其清香。突然有急报说太后有恙，请皇帝火速回京。乾隆听了立即要人备马，昼夜兼程赶回北京，来不及更衣就奔到老太太榻前。老太太一看儿子赶到，病好了一半。忽然闻到

◆ "吓煞人香"茶，康熙嫌茶名不雅，改为"碧螺春"

儿子身上有一股清香，便问其故。乾隆这才想起放在上衣兜里的那把茶叶。一路奔波，兜里的茶叶早已被压得扁扁的、干干的了。乾隆从兜里取出茶叶，泡了一杯给老太太喝。喝下这杯茶，老太太顿感神清气爽，贵恙立马痊愈。感恩于这些茶叶，乾隆皇帝下诏将他采摘过的十八棵茶树定为御茶，每年进贡朝廷。龙井茶的形状就定为扁平形。今天那十八棵谁也不知道什么时候种下去的御茶，被圈起来作为一景供人参观。乾隆真身倒是真的上山下乡，四次到过龙井，还写了好几首茶诗。在杭州，凡三百年以上的老字号都和乾隆有关。这种传说不着边际，但它却漫无边际地得以传播。传播者是老百姓，传播的媒体则是遍布大街小巷的茶馆。

清朝的茶文化其实就是茶馆文化，茶馆文化涵盖了清朝的所有人世百态及其文化形态。在媒体不发达的时代，茶馆几乎就是小道消息、桃色新闻、街谈巷议的创作中心、交流中心和发布中心。无数个茶馆连成网络，就形成一张笼罩在城市上头的巨型蜘蛛网，网速等同于光速，谁一旦成为其关注对象，被它网牢，谁就该死翘翘了。茶馆是三教九流的聚会场所，一大早，从形形色色的胡同街巷里走出形形色色的男人，穿着形形色色的衣装，提溜着形形色色的玩意儿，踱着方步走进形形色色的茶馆。清朝的茶馆文化以北京为典型。在此不妨链接一段儿对北京老茶馆的京味儿描述，作者无名氏："老北京的茶馆分三大类，一是大茶馆，二是清茶馆，三是野茶馆。大茶馆一般都开在城里头，门脸大，屋里摆设也都像模像样，当然也有高低档次之分。单说最普通的那种，很有点像现今儿的'人才交流中心'，平常总是乌泱泱坐满了一屋子人，多半都是来找营生的，边喝茶边等人来叫活儿。所以大茶馆里白天最热闹，三教九流，什么人都有。

"清茶馆则不同，讲究一个清雅，来的茶客也多半是有头有脸的人。在旧时的老北京，一旦家族中出了什么摆不平的事儿时，族长就会把相关的族人召集到清茶馆，单开一包间，让大家伙儿坐下来好好掰哧掰哧。最有意思的要数野茶馆，打的是"野食"，基本都开在城外，支一个棚子，摆两张桌椅，就开始练摊儿了。客人多是进出城里做点小买卖的穷人，清早进城或傍晚回家时分，拣个野茶馆歇歇脚儿，冲上一碗热腾腾的茶末子，唠唠家常，暖暖胃，花不了多少小钱，却落了一身舒服。"

老茶馆的待客殷勤堪称饮食服务业的楷模。茶客前脚刚迈进茶馆，伙计就大声招呼，沏茶的听招呼，知道来的是老客，该上什么茶和茶点不用问；若是生客，伙计更是殷勤，家长里短地寒暄，一为摸底，二为留人。茶客一落座，信息交流会就开始了。信息的涉及面很广，但最吸引人的是皇城十里红墙里面的各种消息和名伶名流的隐私绯闻。茶客越多，传播者也越众。三人市虎，故事也就越编越长，越传越走样。同茶馆里的演义故事相比，《三国演义》、《隋唐演义》、《水浒传》等演义实在是正经得不能再正经的严肃文学了。所有的大嘴（信口开河者）、快嘴（管不住嘴巴者）、臭嘴（造谣惑众者）、烂嘴（绯闻传播者）和他们的听众都在这里归总。衙门里的包打听不用到处寻找线索，只要往茶馆那么一泡，喝上半天茶，半见北京城的消息便尽收耳底；通俗作家、小报娱记或者报料狗仔也犯不着跑断腿，也只要往茶馆那么一泡，当个听众，就有了素材和题材。小道消息的传播也有类似于"本报某处讯"、"本报刚刚得到的消息"等表示消息来源的电头，通常以侯宝林相声中那种啰嗦的北京话作为开场白：嗨，哥们儿，听说了吗，宫里头的人可是开了眼啦。要我说什么事儿？我这人嘴紧，除非这壶茶钱您给支应喽。行啦？那今儿咱就豁出去告你们哥几个得啦。知道啥事儿吗？昨个儿晌午，老佛爷一觉醒来，喝了茶房里给沏的杭州翁隆顺老龙井，忒来精神，让宫女儿陪她玩毽子。别看她老人家五十来岁人，身子骨倍儿棒，脚下功夫没的说，嘿，那毽子踢得，是盘、磕、拐、蹦、落一样不拉，百十来下不带喘气儿的。来看热闹的公公还有宫女们都说看老佛爷玩毽子，还是大姑娘上轿——头一回。我怎么知道的？您是骂我呀。我是谁呀，宫里的大小事就没有我不知道的。您别说，尽管卖半天关子说了件无聊事，但时间、地点、人物、事件等新闻要素一件不少。茶馆应该说是中国最早的新闻传媒。

　　哪一个朝代都没有留下清朝那么多的悬疑传说，这些传说的发源地就是茶馆，一传十，十传百，越传越邪乎，最后经文人染指，传说点化成传奇，口水转化成墨水，闲事编派成故事。凡事一经茶馆演义，就假做真时真亦假了。比如以上提到的雍正皇帝，他的继位，有康熙皇帝的遗诏，现如今都白纸黑字地保存在中国第一历史档案馆。遗诏里用满文和汉文写得明明白白："皇四子胤禛，人品贵重，深肖联躬，必能克承大统。着继联登极，继皇帝位"，何来改遗诏篡位这一说；而乾隆皇帝六次下江南，不是南巡考察，而是为了寻找其生母。说是当年乾隆的妈生了个女儿，而乾隆的奶妈生的是个儿子。乾隆她妈为了保住自己的地位，让人把奶妈的儿子抱进宫来让她看看，好认个干儿子什么的，结果使了狸猫换太子的调包计。当时也没有什么亲子鉴定一类的设备，即便有，奶妈也未必敢吱一声。奶妈抱回皇帝的女儿，想想也好，好歹不愁将来嫁不出去（俗话说皇帝女儿不愁嫁嘛）。又怕抱着这个烫手山芋，下一步大祸临头，于是玩了人间蒸发。乾隆奶妈是浙江海宁人氏，乾隆当了皇帝以后，决心要找回自己的亲妈和姐妹，所以他踏着爷爷的足迹考察钱塘江海塘建设的行为变成了寻亲行动，公事变成了私事。既然是私事，当然只能微服私访。他轻装简从，到处游走，甚至寻花问柳，俨然一个风流倜傥的公子哥儿形象。另外，皇帝也经常泡茶馆，偷听老百姓的呼声。老百姓在衙门里得不到的公正，微服皇帝不声不响给他解决了，还顺便挖出一批贪官污吏；商人也有了说法，用皇帝的私访故事来给自己的产品做广告，炒热了一批品牌。故事编得如此有板有眼，恐怕连皇帝自己看着也要发笑。考究一下，其源盖出于茶馆文化。至于咸丰皇帝在临死之前是不是采纳了大臣肃顺要求他效仿汉武帝杀钩弋夫人的故事而杀掉慈禧的建议，以至于后来慈禧为了获得并销毁这份要她性命的先帝密诏而对和她共同垂帘听政的慈安太后下了毒手；至于同治皇帝得的是不是花柳病，又是何时何地何种情况下染上此病的；至于光绪皇帝和慈禧太后几乎同时死亡，光绪真的是给慈禧害死的，还是纯属巧合，这些宫闱秘事在茶馆里面都成了广而告之。尽管这些说法大多是无稽之谈，漏洞百出，然而文学创作有个定理：并非事件的真实，而是情节，尤其细节的真实决定作品的真实。只要做到情节、细节真实，进而通过媒体广泛流传，假的、虚构的也变成真实可信的了。这就是列入文学门类的小说或传说区别于正史的地方。茶馆文化是一种通俗文化，其特点是传播广，受众面大，但是脱离事实，经不起推敲。当然，谁把茶馆里流传的东西当真，不是没文化，就是脑子进水。

清朝统治者直到快撑不下去了，面子还是拉不下来，还端着个天朝威仪，八方朝贡的豆腐架子，最不济的时候也要自我安慰一下：瘦死的骆驼比马大。与前朝明朝相比，清朝基本拒绝科学和外来文化，所以有许多让人啼笑皆非的笑话也被人在茶余饭后传播。之所以是茶余饭后，是因为当时倘若含口茶或一口饭在嘴里，准保听了以后喷出一丈远。

笑话一：有人看到外国人的使馆或家里装着电风扇，碍于面子不好意思问老外这叫什么，回家写日记时自己给它取名叫"太极混元扇"。中间的转轴是太极，三块扇翼就是麻将里的大三元。而且转起来呼呼作响，犹如十几根军棍在舞动，风力则比军棍大得多。

笑话二：慈禧派某大臣去英国考察。该大臣不懂洋务，也不通英文，只好凭直观感觉写考察报告。他在报告里写道，由于英伦与中国正好处在地球两端，中国是黑夜时，英伦是白天，所以他们的很多习惯也与中国颠倒。比如，中国字是竖排的，英文字是横写的；中国字从右写到左，英国人是从左写到右。走路，中国人先出右脚，而英军走路喊一二一，先出的是左脚。在妇女问题上，中国人讲男尊女卑，英国人则是lady first。故中国与英伦之不同，皆因地理位置不同。

笑话三：英国人打进来时，北京受到威胁，皇帝问计于大臣。这些大臣整天就知道泡茶馆，逛窑子，早就不会打仗了，情急之中不得已而献计献策，一个说，英国人高鼻子蓝眼，黄头发白皮肤，整个儿一个妖魔。对付妖魔，得用中国的降妖术，当以狗血、鸡血淋之。另一个说，他发现英国人走路时腿不会弯曲（因为穿靴子，走正步），只要让士兵拿着竹竿扫去就能扫倒一大片，而且很难再站起来。不知皇帝当时有没有采纳这些馊主意；如果采纳了，定弄得全国上下到处鸡犬不宁，鸡飞狗跳。那就更热闹了。

京城的茶馆成了一道时尚文化风景线，茶馆里讲故事，茶馆里也每天发生故事。茶馆是生旦净末丑各种角色汇聚的小舞台，演义的是茶馆外面的大世界。这就是为什么老舍的话剧《茶馆》数十年上演不衰的原因。

京城的时尚很快变成外省人的摩登。清代全国各地的茶馆风起云涌，形成一股人来疯，而且各地的茶馆都有自己的高招。在广州，清代同治、光绪年间，"二厘馆"茶楼已遍及全城，这种每位茶价仅二厘钱的茶馆深受广东人特别是劳动大众的欢迎。他们常于早晨上工之前，泡上一壶茶，买上两件美点，权作早餐。这种既喝茶又进餐的"一盅两件"的生活习惯与生活方式，可以说是广东人所特有的。至今，在广州的百年老店还有陶陶居等，通常是一日三市，且以早茶为最盛。

在上海，茶馆的兴起始于同治初年，最早开设的有一同天、丽水台等，座楼二三层，窗门四敞，从早到晚，茶客如云。清末，上海又开设了多家广式茶馆，如广东路河南路口的同芳居、怡珍居等；在南京路、西藏路一带先后又开设有大三元、新雅、东雅、易安居、陶陶居等多家，天天茶客满座。当时上海茶馆的茶客除了普通市民外，商人在这里用"欠丁（一）、挖工（二）、横川（三）、侧目（四）、献丑（五）、断大（六）、皂底（七）、分头（八）、少丸（九）"等行业暗语谈买卖。小报记者在这里等报料狗仔送来的报料。这些报料匆匆记在香烟壳纸上，记者则按质论价付给报酬。艺人在这里说书卖唱……三教九流，无所不有。

在杭州，茶馆遍布，茶客云集。《儒林外史》作者吴敬梓曾在乾隆年间游览西湖，对杭城茶馆的描述着墨颇多。说到马二先生步出钱塘门，过路圣因寺，上苏堤，入净慈，四次到茶馆品茶。在一路上"卖酒的青楼高扬，卖茶的红炭满炉"。在吴山上，"单是卖茶的就有三十多处"。虽然这是小说，不能据以为史，但清代饮茶之风，茶馆之盛，可见一斑。

在南京，乾隆年间的著名茶馆有鸿福园、春和园等，它们各占一河之胜，临河设馆。茶馆任客选茶，人们品茶凭栏观水，并供应油酥饼、烧麦、春卷，茶客进食也十分方便。

因为皇帝好茶，清朝的达官贵人，文人雅士自然也趋之若鹜。他们不屑去茶馆与俗客同流合污，而是在自己的庄园里秘制贵族茶文化，高雅、清雅、文雅自然有之，但其参与者几乎和大熊猫一样稀有。此在《红楼梦》里可见一斑。在贾府，要么不喝茶，喝茶就喝"千红一窟"、"枫露茶"、"六安茶"、"老君眉"和"龙井茶"等名茶。而且不同的身份喝不同的茶，如贾母是家里的老祖宗，她喝的是"老君眉"；宝玉是公子哥儿，经常想入非非，上天入地，所以，他喝的是"神仙茶"。而黛玉多病善感，只能喝清淡的茶，所以她喝"龙井茶"。至于林之孝和袭人等众多的佣人丫环，就只能喝"凡人茶"了。

贾府里不但讲究茶的品种，还讲究茶具，非有名器而不饮茶。在贾母的花厅上，摆设着洋漆茶盘，里面放着万蜜十节小茶杯。宝钗、黛玉平时用的是犀角横断面中心有白点的"点犀茶盘"。不但讲究茶具，还讲究泡茶的水。用雪水烹茶，是一大雅趣。宝玉《冬夜即景》诗中曰："却喜侍儿知试茗，扫将新雪及时烹。"妙玉招待黛玉、宝钗、宝玉喝茶，用的水则是她五年前在玄墓蟠香寺居住时从梅花上收集，贮在罐里，埋在地下，夏天取用的雪水。雪是白洁的，梅花是高洁的，烹出来的茶汤是什么品味，你自己想去吧。

《红楼梦》里，凡是个人物的，都称得上是茶人。小尼姑妙玉没事就琢磨茶，现在的高级茶艺师若有她的水平，也可以跟曹雪芹叫板了。清代的旗人是一个休闲阶层，他们创造了中国式的休闲文化，而《红楼梦》是一部休闲文化和休闲经济的教科书。但在他们那个时代，社会财富还不足以支撑起一个休闲经济国家，所以茶文化越兴盛，就越可以从中看到弱国之象。就像清朝的几个太监，缠着茶馆里的演义高手给他们讲故事，该高手想了一下，就开始讲：从前啊，有几个太监……接着就只顾自己喝茶，不吱声了。太监们急了，就问：下面呢？说呀，下面呢？高手瞥了他们一眼，慢悠悠地说：下面没有了。太监们回过神来，气得脸色青紫。清朝的国势、国运就像太监的"下面"那么疲软，阳刚之气全被浸泡在茶碗里了。

　　而休闲经济是和平年代、和平世界的奢侈品。专家预测，到2015年，世界将进入休闲经济时代。那时，人们三分之二的收入和三分之一的国土都将用于休闲。而中国的茶、茶文化、茶叶经济只有在这样的时代环境里，才能走向全盛时代。在此以前，它的形成和发展都是畸形的。

第九讲

传播时代

公元1840年，第一次鸦片战争爆发。

小时候看街上两人打架，吃亏的总是比较弱小的一方，就想到当年洋鬼子大概就是仗着他们人高马大，比咱们先有军舰和洋枪洋炮，就跑来欺负咱中国人。后来想想不对呀，街上的人不是见了面就横眉竖眼、老拳相见的，打架至少得有个理由呀？不是世仇，也得有突发性的原因，就像2006年德国世界杯赛上，法国老齐（达内）被意大利小马（特拉齐）骂了姐姐，发起了共工之怒，一头撞翻不周山。联想到鸦片战争之前，中国人也没指着洋人的鼻子骂他娘或骂他姐姐，虎门销烟销毁的鸦片是进口货，等于销毁的是自家东西，关洋人屁事，凭什么他们打上门来？再说，一个蕞尔小国，中国当时四亿多人口，一人一口唾沫也能把它淹死，但最后还是打输了。肯定是洋鬼子的鸦片让咱中国人丧失了战斗力，好由着他们胡来。良心坏到极点。这阶级仇，民族恨将来一定要报。再后来知道的事情多了，也学会理性地看问题了，又联想到两人打架被人拉开后，必数落对方的不是，而自己总是出拳有理。双方鼻青脸肿地被拉到派出所，擦干血迹，平息怒火后，这才发现自己也有不当之处，也就肯检讨自己了。而鸦片战争的起因，如果理性地去看，全不是教科书上说的那回事。它是一场由茶叶、银子和鸦片的三角关系而引起的中英两国间的经济纠纷。经济纠纷走到极端就是政治冲突，政治冲突走到极端就是战争。

英国人在17世纪前尚不知道茶为何物。别看电影里和油画里的苏格兰牧场绿茵遍地，封建贵族庄园里玫瑰满园，公主小姐们穿着倒酒杯式华丽裙装在世外桃源般的景色里漫步。说来你也许不会相信，16、17世纪的欧洲人是很不讲卫生的。法国国王路易十四几乎一辈子都没洗过澡；虔诚的天主教修女们天体不能曝光，一辈子能接触水的只有手指部分，连看一眼自己的裸体都是罪恶。需要是发明之母，所以英国盛产玫瑰，法国盛产香水，其功能是为了掩盖身体的不良气息。别看西装袖口上一排纽扣很有创意，它的创意者是拿破仑。拿破仑看到士兵老拿自己的袖口擦嘴、抹鼻涕，实在不爽才出此下策的。伦敦和巴黎的街头，破产农民蜂拥而至成了产业工人，把农村里随地大小便的习惯带到了城里；吃的是生冷食，喝的是劣质酒，冷风一吹，便又吐又拉，醒不来就倒毙街头。直到19世纪，在狄更斯（英国）、巴尔扎克（法国）、陀思妥耶夫斯基（俄国）的小说里，仍可以看到无数这样的场景。人类的不文明是老鼠的盛大节日。老鼠们拖家带口，目中无人地穿行在大街小巷，传播着从阴沟洞里、人的尸体上带来的各种病菌和病毒。病菌和病毒们有了这个载体，活跃在水源里、空气里和人的排泄物里。天花、霍乱、麻疯、鼠疫就像一场场运动接踵而来，其中最可怕的当属鼠疫。从16世纪起，欧洲每十年就发生一次流行鼠疫。整个16世纪和17世纪，鼠疫是吞噬欧洲人生命的头号元凶，至少有2500万人死在老鼠手里。1664年到1665年，伦敦再次发生鼠疫大流行，就是在这次流行中鼠疫被命名为"黑死病"（Blackdeath）。这次鼠疫，直到伦敦发生了一次特大火灾，满街弥漫着烤鼠肉的香味后才算平息。英国人这才发现，原来火灾可以消病灾，所以不再诅咒这场大火。有一首《伦敦着火啦》（London's Burning）歌，其曲调轻快无比。

1662年，葡萄牙公主凯瑟琳嫁给了英国国王查理二世，成了英国王后。葡国国王给女儿的陪嫁是海外殖民地的一隅。这片土地就是今天的印度孟买。当时的孟买还是一个距离大陆16公里的海岛小渔村，对葡萄牙来说这个小岛无足轻重，其地位远不如澳门。葡萄牙是当时欧洲最发达的航海国家。16世纪，达伽马就发现了经南非好望角过印度洋到达印度的航海线路。17世纪，麦哲伦步其后尘发现了南美洲大陆。17世纪初开始，葡萄牙等国的商船就以澳门为贸易口岸，采购中国的丝、茶、瓷器、中药等运往欧洲销售。这是中国茶叶真正成为商品直接销往欧洲的最早纪录。葡萄牙、荷兰等国成为欧洲最早饮茶的国家。不过茶在当时是当作进口药材在药店里销售的，价格昂贵，用称中药的戥子，以钱、两为单位称着卖。非王公贵族不能享用。当然，葡国公主喝中国茶是近水楼台。公主没把国土当回事，把孟买的地图和契证往老公那儿一扔，让英国人每年出10英镑的租金就完事了。而令她心爱的嫁妆是她带过来的220磅中国茶叶。她是个正儿八经的洋茶人，从小就爱饮茶。

说实在，查理二世并不是她心仪的男人，英国也不是她心仪的国家，她的婚姻，基本是中国式和亲的洋文版。伦敦的天是雾惨惨的，街上脏兮兮的，人都病快快的，让她很是不爽。英国国王不像中国皇帝那样妻妾成群，只有她这么一个老婆，且对她百依百顺，宠爱有加。但她依然觉得从小心向神往的童话、爱情诗和田园牧歌一旦有了结局，就不那么美好。也许这是因为她还没有享受过程，就在父亲的安排下直奔结局的缘故。这时，唯一能让她想入非非的就是那些来自东方神秘国度的仙草——茶叶以及随茶一起带来中国精美瓷器茶具。她每天要喝好几次茶，早茶、下午茶、夜茶为必不可少，而且不管早晚，她都要亲手冲泡。因为茶叶金贵，交给别人不放心。第一夫人的重要工作是社交，社交沙龙里，她的茶和茶艺令所有人倾倒，尤其是那些贵族夫人，从崇拜王后到崇拜茶；又因崇拜茶而更崇拜王后。反正没过多久，她们都染上了茶瘾，戒掉了酒瘾，甚至咖啡瘾。她们发现，自从在王后那儿染上了茶瘾，肠胃变得通畅起来，脸色变得精神起来，举止也变得高雅起来。同时，凯瑟琳对泡茶用的水虽没有陆羽那么讲究，但至少也要求纯净，因此英国从改造泰晤士河水质开始了全民爱国卫生运动。间接的效果是伦敦的婴儿死亡率和疫病发生率大大降低了。而这一切人们都把它归功于喝茶的流行和普及，茶叶这东方仙草真是神奇啊。

当喝茶成为一种时尚，茶叶的需要量就与日俱增。而当时尚的东西偏偏又是本国不产的东西，商人的机会就来了。英国商人没有内贸和外贸的分工，他们的物流工具是多桅帆船。对

◆ 这幅画描绘的是18世纪一群法国贵族在巴黎的宫殿里享用英国风格的茶点

他们而言，凡是船能到达的地方都是他们的市场。商业是英国的国民精神。一个英国人做生意，两个英国人开银行，三个英国人就搞殖民地了。这和中国人三个和尚没水喝则刚好相反。英国人的商业精神催生了18世纪的工业革命。英国人的航海贸易催生了银行以及保险、股票、期货、债券等所有现代金融业。从17世纪末开始，英国商船的罗盘锁定了中国大陆的方向。凯瑟琳公主永远也不会想到，她的两件嫁妆会产生如此巨大的蝴蝶效应，让整个英国和世界的经济格局都发生了巨变——孟买成了南亚最大的贸易港口城市，其地位相当于中国的上海；不产一片茶叶的英国现在每年要消费二十多万吨茶叶，还大量出口茶叶，从产茶国进口的原料茶叶经他们一拼配、一包装后身价百倍，仅联合利华旗下的利顿茶叶公司，年销售茶就达28亿美元，比中国全国茶叶的内外贸销售总额还要高。

所谓贸易，是买卖、生意、流通的同义词，就是你买我卖，或者你卖我买两厢情愿的事情。当一个生意人，只要认识一个字就行了，那就是：利。利有微利、薄利、厚利、暴利之分。农耕经济派生出来的中国儒家思想是重农轻商，重义轻利的。凡是与利有关的几乎没有一句好话。孔子曰："君子喻于义，小人喻于利。"孟子说："市人熙熙，皆为利来；市人攘攘，皆为利往。"《琵琶行》里那位歌女说："商人重利轻别离。"李宗盛《凡人歌》里唱道："道义放两旁，利字摆中间。"成语中有：无利不起早、见利忘义、利令智昏、利欲熏心，以及无利不往，无往不利；慈不掌兵，义不掌财等等。利字是禾字边上一把刀，既可养人，又可伤人。利和义永远是水火不相容的对立面。仗义者必定疏财，宋江凭这一点当上了梁山泊的老大。现代人如蒙牛集团老板牛根生的名言："财聚人散，财散人聚。"也是这个意思。只是欧洲的商人从不避讳言利。他们的信条是在商言商，财富就是成功的标志。他们追求的是利益，有了利，才可以做对社会有益的事情，不像中国商人那么做作。生意做大了，则一定要标榜自己是儒商。一有机会就上媒体捣浆糊，说自己的成功是义字当先，取之有道。欧洲商人也没有中国商人那种发了财以后衣锦还乡的概念。晋商和徽商就是在"富贵不归，如锦衣夜行"的乡土观念支配下——与老外商人有点钱就急着找新项目投资，发展再生产做法正好相反——把赚来的钱大量挪回家乡，要么换成金银财宝埋入地下，要么置田产、建华屋、造牌坊、讨小老婆，而且互相攀比斗富。没想到这些地处穷乡僻壤让土老板们耗尽资财的房地产在兵荒马乱年代一文不值，现在倒都成了世界文化遗产，无价之宝。所以风水轮回，世道无常，说不好，不好说啊。

其实，天底下哪有一方讲义气老吃亏，一方尽占便宜的买卖。买卖人讲的是和气生财，讲的是双赢。两个老板碰到一起，互相打躬作揖，嘴里恭喜恭喜，发财发财嚷个不停。生意场中的潜规则是，有钱大家赚。一家独占便宜，不可能，更不长久。做生意不是打架，商人的商是商量、商讨、协商、商定的意思。英国商人初来中国做生意，特别是国内内需旺盛的茶叶生意，就是举着协商的旗帜来的。而清政府仗着自己有资源，不仅卡你没商量，更是不按商场的游戏规则出牌。

1793年，英国国王乔治三世派特使马戛尔尼率当时世界上装备最先进的一支船队，装载着600箱皇家礼物，前来给乾隆皇帝83岁寿辰祝寿。老马一行经过十个多月的海上航程，总算没有给飓风、台风刮得船破人亡，在山东登陆。他们此行是怀着"共敦睦谊"，促进两国平等交往的美好愿望而来的。一个重要任务，就是和中国建立外交关系。清朝一直到了英法联军火烧圆明园以后才有了外交部——总理各国事务衙门的。在此之前游牧民出身的清朝君臣们听到这一消息好比听外星人语言，听不懂，也不明白要在北京天子脚下给洋夷划一块地建大使馆，让这些洋人长住北京不说，还有什么豁免权，动他不得。这世上还有皇帝和大清国说了不算的地界，成何体统。而读过马可波罗游记，对中国满怀憧憬的马戛尔尼也同样弄不明白胸襟开阔的唐人，怎么打扮成如今这付贵宾狗的模样，而且见了不认识的人就汪汪乱叫。

好不容易把礼物运到北京，想想从英国淘宝网淘来的贵重礼品中国皇帝见了总会眉开眼笑，对他们提出的平等外交、平等贸易这些国际往来的起码要求总会点头了。但是，马戛尔尼们遇到了麻烦。清朝官员对他们带来的礼物，看了又看，嗅了又嗅，怀疑滴答作响的钟表里藏有定时炸弹，准点报时跳出来的小偶人揣着暗箭；其他的如轮船模型啦、羊毛制品啦、金币啦、洋酒啦都会像荆轲的地图一样图穷匕首见。最后礼物方面找不出问题，但礼节方面问题大焉。清朝官员说，这些东西作为礼物只能送给皇帝的下级，送给皇帝的不能叫做礼品，而只能是贡品。礼尚往来，所谓礼品是你来我往的，但贡品是附属国觐见皇帝时向皇帝朝贡的物品，皇帝能接受就是给你面子。老马给中文字里面的这些绕口令搞得一头雾水，竟稀里糊涂

◆ 马戛尔尼觐见乾隆

答应了，心里说，shit，老子也弄不明白你们这些穷讲究。管你礼品、贡品，反正只要送到皇帝老儿手里就行了。下一步谈到觐见皇帝的程序，这下老马弄明白了礼品和贡品的区别了，又骂了句：f××× ，你小子给老子下套呢。原来清朝官员要求老马他们也像清朝官员一样，见皇帝时，双膝跪地，三叩九拜，山呼万岁。老马想这下再不会上当了，要老子向贵宾狗一样作态，没门儿。老马用外交辞令说，在英国，我们朝见英国皇帝的礼仪是走到皇帝身边，一腿跪地，一手轻握皇帝的手轻吻之。清朝大臣一听此话，惊得跳起来。这还了得，平日上朝，别说走到皇帝身边吻手，就是距离皇帝十丈八丈的，连头也不敢抬，天颜哪能是随便观瞻的。清朝官员百般苦劝，甚至做贵宾狗状亲身演示，连和珅中堂都出面斡旋，但老马这下掌握原则，就是不依。为此事双方争执了一个多月，宾馆给老马们提供的伙食也变得粗糙起来。最后双方各让一步，即英国特使可以按本国规矩行礼，但不能走到皇帝身边，不许吻皇帝的手。

乾隆皇帝虽然接待了英国特使，但脸色不那么好看，说话也不那么好听，他说："天朝物产丰盈，无所不有，原不藉外夷货物以通有无。"意思是中国什么都有，不需要与外国通商。英国特使提出的有关"贸易通商"、"互设使节"等要求乾隆只字不提。吃完"万寿节"的满汉全席，老马们也呆不住了，宾馆催着他们结账走人，清政府对他们下了逐客令。老马送了礼，行了礼，最后却被人无礼地像丧家之犬一样赶了出来，使命没有完成，还赔了时间、金钱和半条命。老马们感到十分郁闷，回程的船队空空如也。他们的心也像船一样摇摇晃晃，空空荡荡的。

鸦片战争以前，老外和中国做生意之难，难于上青天。清政府掌握着茶叶资源，看到洋人对茶叶那么需要，感到自己很牛气。当时主管外事的大臣琦善的思维逻辑是："夷地土地坚刚，风日燥烈，又每天以牛羊肉磨粉为食，食之不易消化，人便不通立死，每日食后，茶叶大黄便为通肠圣药。"这等于说，你洋人的命门在我掌握之中，我可以叫你活，也可以叫你死。你想活命，得看我高兴，大清朝缺的是银子，你拿银子来跟我换命吧。而英国商人的思维逻辑是按国际贸易惯例来的。因为没有办法到中国做市场调查，只看到中国人穿的外衣都很短，吊在胸口，以致里面还需穿上长衫才能遮体。心想你外衣加长几寸，不都解决了吗？于是算了笔如意账，如果每个中国人外衣都加长一寸，那么四亿中国人需要四千万尺布，即使开动英国所有的珍妮纺织机，24小时不停机，也够忙上几十年的。这样，你产茶叶，我产棉布，咱们各取所需，两者相抵，这生意可谓大矣。他们哪里晓得中国人身上穿得布料都是自产的，早你英国600年。咱们的黄道婆就发明了梭子织布机，农村里每家每户都唧唧复唧唧地响着机抒声。男耕女织是咱中国特色，都用你的棉布，咱中国女人干什么去？英国人的思维逻辑脱离中国现实，不合中国国情。他们的市场计划被中国人投了否决票。从这个例子来看，乾隆皇帝当年对英国特使说的话倒没有说错。

英国人没辙，只好把国库里的银子和家里的银子都翻箱倒柜拿出来去中国进口茶叶，估计当时欧洲各国的银子都给弄紧张了。雨果《悲惨世界》里的冉阿让偷了神父的几件银器，要不是神父为他开脱，他就要上绞架。而神父的小小的义举居然改变了冉阿让的整个人生。可见银子之贵重。国内的银子不够，英国人只好穿越大西洋，辗转南美墨西哥等产银国，通过贸易换取银子，再横穿太平洋，从中国换回茶叶，然后再横穿印度洋，回到大西洋，整个商旅要绕地球一周，行程四万多公里。大洋上白天气温高达四五十度，夜里气温骤降到零下十几度，温差造成的水分让铁器都生锈，更不要说绿茶在航程中被捂得发酵成什么样子。所以英国人不是天生不爱喝绿茶，而是根本就喝不到绿茶。这样的不对等贸易，给英国造成了巨额贸易逆差。据统计，从1781–1790的十年间,中国向英国出口茶叶9600多万银圆，而1780–1793年十三年间，英国向中国出口总额才1600多万银圆。到鸦片战争前，中国出口欧洲的茶叶达2亿两白银。眼看着全世界的银子都流入中国，当时也已经财大气粗、牛屄哄哄的英国人在银子供应方面已经捉襟见肘，难以为继，只好出损招了。

本来，这样不平等的生意，商人是没法做的。但商人不愿意放弃，因为茶叶的商业利润实在太诱人了。1745年，瑞典商船"哥德堡"号满载中国茶叶、丝绸、瓷器从中国回驶瑞典，三万五千公里的惊涛骇浪都平安地走过，可就在离码头仅仅九百米处，突然触礁沉没。更令人难以置信的是，沉了船，"哥德堡"号照样赚钞票。船沉在家门口，脱险船员很快捞起30吨茶叶和2000匹丝绸。虽然还不到全部货物的五分之一，却已经足够抵销远航成本，还能大赚一票。当时，100斤武夷山茶在广州卖14两白银，可到了欧洲就价值20英镑，相当于60两白银。

算一算，4倍都不止。据估算，跑一趟中国，至少有300%的利润。这样的暴利，已经远远超过商人为之玩命的心理底线，无商不奸的本能此时奋不顾身地冲破羞答答的面纱脱颖而出。英国国内此时已经是茶香四溢。染上了茶瘾的贵族们在沙龙里、餐桌上、睡觉前、休闲时甚至泡在浴缸里，都要享用一杯来自中国的香茶。每天下午四点整是英国人的下午茶时间。此时，"世上的一切时间为茶而停"。到18世纪下半叶，英国的茶叶税从119%下降到12.5%，不仅贵族，连平民百姓此时都能喝得起茶。茶叶消费量直线上升。

英国人出的损招，损得有点厉害，差点让全体中国人都变成东亚病夫。一方面，英国的银子和中国的茶叶找对象，好像和一只吃角子老虎机攀亲，已经让英国人有点力不能胜；另方面，英国人想，好你个大清国，你让我染上茶瘾，我就让你染上毒瘾。英国设在南亚殖民地的东印度公司利用当地气候和廉价劳力广种罂粟，从中提炼出鸦片，做成一个个大药丸，装箱运到中国附近海域。大船远泊，小型的趸船则来回穿梭，进行鸦片与茶的海上走私交易。一来二往，英国人发现这种鱼和熊掌的交换是各取所需。他们找到了弥补几十年来贸易逆差的平衡点。英国人知道"鸦片是一种有害的奢侈品，它是不能允许的，除了用于对外贸易目的外"。政府规定英国本土是不允许鸦片进口的。英国商人使了调包计，将白花花的银子换成了黑黢黢的鸦片。茶叶竟像不知自重的小女生一样，立马移情别恋地爱上了这匹新杀出来的"黑马"。康乾盛世以后的中国人像英国人喜欢茶一样喜欢这黑不溜秋的家伙。几十年间，鸦片烟

◆ 英国在印度设立的鸦片制造厂仓库

馆像茶馆一样在中国遍地开花，烟具做得比茶具还花功夫、费银子。特别是中国烟民还创造性地发明了鸦片的吸食方法。

鸦片作为药品，具有镇痛作用。生活在潮湿的南方和寒冷的北方的人们易得关节炎、疟疾、痛风等多种疼痛病。其地理分布规律是，凡是吃辣比较厉害的地区都是此类病痛的高发区。当时没有阿司匹林等镇痛药，吸食或咀嚼少量的鸦片则可以起到镇痛作用。持续的病痛需要持续的吸食，不久就会上瘾。因为鸦片还有另一种致幻功能，腾云驾雾、飘飘欲仙中，你想什么就能感觉到什么，包括性高潮的感觉。这种感觉在现实中不一定得到，所以被鸦片套牢者欲罢不能。久而久之，它破坏你的神经功能，其中之一是使你神经细胞中向大脑输送疼痛信息的分子——蛋白激酶G处于无法关闭状态，让你饱受持久的慢性疼痛之苦（美国科学家2006年最新研究成果），让你生不如死。所以鸦片瘾上来时，流鼻涕眼泪、打哈欠是轻的，以头撞墙、满地打滚的瘾君子大有人在。这时候，五花马、千金裘，忽而将出换烟土。所有做人品行、钱财、体力皆为之丧失殆尽。其传播之快、危害之大，不亚于16、17世纪的欧洲瘟疫。曾经靠茶叶出口流入中国的白花花的银子，像电影片倒放的特技效果一样，从哪里来又回到哪里去了。至道光初年，中国对英贸易由高额顺差变成了逆差。

中国最早的扫毒行动是在清朝道光年间，公元1836年开始的。道光皇帝是清朝十三帝中唯一一个最不讲面子、排场的皇帝。不知从那条血脉遗传下来的小市民习气，他生性节俭，每日四菜一汤，穿打补丁的皇袍，和他所统治的1300万平方公里

◆ 鸦片鬼

的泱泱大国的气派格格不入。各地反映鸦片之祸的奏章如雪片般飞来，高高地摞在他的书桌上。他一看，每天那么多的银子流出去，换来的不是四菜一汤，而是毒药。他知道这时不能像往常一样，朱批"知道了"、"已阅"、"同意"或者画个圈了事。内忧外患让他不能不作出抉择。考虑到攘外必先安内，他钦点林则徐前往毒祸最大的广东搞试点，然后在总结试点经验的基础上开展全国性的扫毒缉毒行动。林则徐果然不辱使命，坐镇广州，用五斤茶叶换一箱鸦片的赎买政策收缴英商手里的鸦片。收缴来的鸦片一律用石灰彻底销毁（如用火烧，其"残膏余沥"会渗入地下，将土壤挖起来熬，还可重新制成二到三成鸦片）。虎门销烟后，英国方面最初的反映是温和的。他们不肯因为中国禁绝鸦片的缘故发动战争，拒绝了不法商人将军舰开进珠江搞军事威胁的要求。英国外交部还通知在中国的英国商会负责人查理义律说"女王陛下的政府，不能支持不道德的商人"，命令义律用和平手段解决争端。道光皇帝本来可以借此就坡下驴，挣回面子算了，但一得志，从老祖宗那里继承来的狗脾气又上来了，下令重新闭关锁国，特别是永远禁止中英通商。消息传到英国，维多利亚女王本人，上下议院，包括反对党，这时尽弃前嫌，同仇敌忾，一致要求出兵教训一下不知好歹的清政府。由茶叶引起的鸦片战争从此爆发。

如今连小学生都知道，从1840年第一次鸦片战争后，中国又遭受欧洲帝国主义的多少次洗劫，割了多少地，赔了多少款。此时中国的门户是纸糊的，一脚就能踢破。到了后来简直不用踢了，喊一声芝麻开门，门就自动打开，谁都可以长驱直入。然而，只要有异族侵入，中国强劲的草文化装置就自动启动其吸附和吸食程序。这表现在中国的茶文化跟随着茶叶一起，对染上中国茶茶瘾的老外们产生着潜移默化的影响。英国人爱喝中国茶的同时，对中国茶具的爱好也蓬勃高涨。当时喝茶已经不稀奇，而用原装货的中国瓷茶壶、茶杯冲饮中国茶才算稀奇。可见英国人也崇洋。当时英国产的瓷器，从造型到图案花色，皆模仿中国，但质地不行，沏茶时开水直接冲泡茶杯会爆裂，因此，要先往茶杯里倒些冷牛奶，然后才能用开水冲茶。说明英国人喝奶茶的习

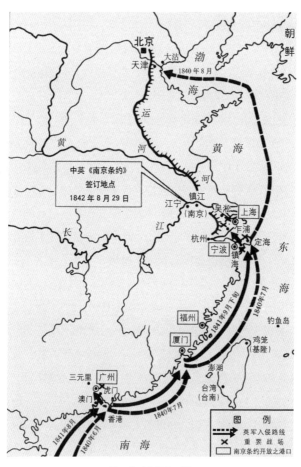

◆ 第一次鸦片战争形势图

惯并非与生俱来，而是不得已而为之。有钱人为了炫耀自己花重金购来的正宗中国茶具，往往故意当着客人的面，先将滚烫的茶水直接注入茶杯，尔后才注入牛奶。于是，先奶后茶还是先茶后奶成了富贵与否的标志。不过世事难料，后来英国人造出了比中国更好的瓷器，中国反而从英国进口高档瓷器。这倒应验了一句中国老话："三十年河东，四十年河西。"

英国人讲究的喝茶氛围也很中国化。他们喝茶像中国人吃饭，一人独食没滋味，喜欢大家聚在一起。这是欧洲的文化传统，据说和拉丁语系的语言文字有关。欧洲文字是多音节字母文字，读比看好；而中国文字是单音节象形文字，看比读好。所以洋人喜欢开沙龙、派对、上教堂或其他各种名目的聚会，一人朗读大家听，这叫听话听音；而中国字形美胜于读音美，中国方言多多，听语言极易误解，如北方人听宁波话，愣是把"一靠政策，二靠机遇"听成了"一靠警察，二靠妓女"，成了笑话。所以中华民族是统一于文字而不是语言的。

英国人的下午茶就是聚会时间、沙龙时间、俱乐部时间或者party时间，相当于中国的茶馆时间。和泡茶馆一样，谈论的话题，在高雅场合无非政治经济，在低等场合无非小道消息，在休闲场合无非今天天气。party开大了，大家边喝茶，边就共同关心的问题达成共识。共识的人越来越多，就起草纲领、宣言，大家签字、摁手印，便成党派。在英语里，党就是大写的Party，可见党派起源于茶文化。茶文化的副作用是极易造成群体性的休闲之风、清谈之风、平庸之风，继而助长个人主义（如陀思妥耶夫斯基《地下室手记》，地下人说，哪怕身后洪水滔天，我有茶喝就行）和官僚主义的机关文化：人浮于事，相互扯皮，官僚机构因此膨胀臃肿，效率低下，英国的帕金森先生发现并指出了这种官场病（《帕金森定律》），却没有考究出这官场病的病灶在哪里。他大概没想到这是中国几千年的草文化的魂附在茶身上，在异国他乡又复活了吧。

相对于遥远的欧洲，同为东方民族，与中国一衣带水的日本在中国的茶传到日本时，更早、更主动地汲取了茶文化的精神，从而演变成著名的日本茶道。据说在一万年以前，日本与中国大陆还是接壤的。后来由于地壳变动成了隔海相望。日本民族是非常内省的民族，讷于言表，个子有武大郎的遗传（有传说武大是日本人祖先。一笑），肚里文章比武大多了去了。所以日本武士为了表示对天皇或主子的效忠，不像天桥把式光说不练的，得真掏心窝子。但心窝有肋骨挡道，不那么好掏，于是把心窝子以下部分当成心窝切开来给主子看。

日本在中世纪以前还是个文化荒岛，近乎原始。他们听老祖宗说，就在大海的西岸，有一个世界上最先进的国家，而日本人就是从那里漂流过来的，一万年前还是一家人呢。所以那时的日本人是带着寻根问祖的崇敬心情来到中国学习文化的。日本的文字基本是汉字和汉字的部首，日本佛教的祖庙是浙江天台山的国清寺，日本的和服基本是中国唐装；中国的儒家思想也是日本人的精神圭臬，中国的节气也是日本的节日，如此等等，不一而足。

除了以上非物质文化形态，日本的物质文化也十有八九来自中国，如水稻、漆器、丝绸、茶、瓷器等。因为日本落后，中国的什么东西到了日本都变得神圣；因为日本人内省，中国人的什么行为到日本都变成了道。道可道，非常道。一旦得道，物质就变成了精神，着了道就等于成了精神病。日本的道可谓多矣，茶有茶道，花有花道，书有书道，香也有香道，最著名的要数动不动剖腹产的武士道了。而且每种道就像抗日影片《地道战》里的汉奸讲的一样："各庄的地道都有自己的高招。"如茶道的高招浓缩在四个字里：敬和清寂；花道的高招是用赤橙黄绿蓝紫六色化，分别代表热情、喜欢、愉快、温和、敦厚、忧郁；书道的高招是将中国字的部首涂鸦成一幅抽象画；香道的高招则是在"六国五味"迷魂香的缭绕中观赏女色，薰衣，并且像看女巫扶乩一样在香灰上面鬼画符。据说武士道精神来自中国儒家的仁义精神，这就像日本文字只学了汉字的部首，真正的儒家精神内核懂也没懂，从而把仁义两字妖魔化到如此地步。

关于日本茶道，去过日本的人大概都有过体验，可能是世界上最复杂的喝茶方式。要是朱元璋再世，早就把这种脱裤子放屁的茶道设计者扒了皮，塞进稻草，以谋财害命罪当街示众了。因为时间就是金钱，就是生命，消磨他人时间就是谋财害命。有一位体验过日本茶道的先生如是说：作为一个中国人，你很难想象喝茶要有那么正式的仪式，要有那样多的礼法。要进行一次日本茶会，一座合乎规矩的花园别墅是不可少的；参加茶会，你能吃到三碗米饭、一碗锅巴泡饭、一盘凉拌菜、两个燉肉丸子、三段烤鱼、一堆腌罗卜块、一些咸菜、几个蘑菇、少许海味、三碗大酱汤和一碗清汤、一道甜点、还有二两清酒；然后你还可以去参观花园，并且特意去厕所看看，但绝对不能在厕所里解决个人问题。整个活动过程要花去你四小时的时间，而整个茶会里你喝到了两次约一百毫升茶水。你一生也不会喝到比这更难喝的东西了。茶会从主客对话到杯箸放置都有严格规定，甚至点茶者伸哪只手、先迈哪只脚、每一步要踩在榻榻米的哪个格子里也有定式。正是定式不同，才使现代日本茶道分成了二十来个流派。十六世纪前的日本茶道还要繁琐得多，现代茶道是经过日本茶圣千利休删繁就简的改革才成为现在的样子。

而日本茶道的温文尔雅，是怎么和武士道的原始野蛮同体共存的呢？茶叶由中国遣唐使传入日本，正在日本全面学习中国文明的时期，珍贵且新奇。喝茶是时髦行为，而请人喝茶无异于摆阔。贵族家里有几斤茶叶，那是身份财富的象征。泊来的茶叶经过长途运输，味道难以保证，数量又有限，茶会上的茶就成了点缀，重点还是享受生猛海鲜（世界人民对日本人最同仇敌忾之处，就是他们连人类最好的朋友——海豚都杀来吃）。日本贵族的饮食以生冷为主，冷饭团加上生鱼生肉块。茶能化油暖胃，为宴会后的消食佳品。千利休发明了传饮法，就是一碗茶端上来，不管有多少人，都必须从碗的同一位置喝茶，传到最后一人要正好喝完。这种喝法令与会的武士们有些歃血为盟的感觉，而量的掌握尤为重要。武士都很要面子，前面人喝多了，座位靠后的人喝不到，就觉得没面子。没了面子，还要什么里子，便当场剖腹产，血溅四座。日本人将茶道和武士道，茶水和血水如此怪异地融在一起，白道黑道兼而有之，最后成了什么道？按现在时髦说法，叫做无间道。

中国茶飘洋过海，难免变味。到了异国他乡，经异域文化元素一搅和，变成了混血茶文化。茶文化因此而显得多样起来。而茶文化的多样性，不仅是由于文化杂交，其源头也是多元的。每一个产茶的地区都有自己的茶文化。中华茶文化就是一个多元的文化现象，如贯穿西南几省的茶马古道就是串联这些元的中华结。茶马古道始于唐代，是中国茶文化从内地与西南少数民族以及南亚诸国互相传播、互相影响、互相融合的又一条通衢。

作为茶马古道起点的云南思茅，为普洱茶的主要产地。普洱茶以晒青毛茶为主要原料，经过蒸压成紧压茶，用笋叶和竹笋包装。别看此茶粗糙，它像古董一样，永久不会变质，且越陈越香越值钱。茶马古道从思茅向东南西北辐射出五条山间小道，通过马帮将普洱茶北销中国的西藏及尼泊尔、印度，南销东南亚，内销则由昆明运往全国各地。用今天的眼光中国的看，茶马古道不是一条简单意义上的茶的运输线，而是一条用时间经线和空间纬线编织起中华文化结的金丝银线。茶马古道所经过的地区是中国茶文化的原生态地区。中国有56个少数民族，仅云南一省就占了其中的90%。云南有着地球上最古老的茶树和最大的茶树。有意思的现象是，不知是先有茶树后有人群，还是有了人群以后再种茶树。几乎所有的民族在他们聚居的中心位置上都有一棵属于自己民族的老茶树。可以猜想，这些本来候鸟式的民族就是冲着有茶树或者宜于种茶的地方定居下来，聚居在一起的。所以这些茶树的年龄有的几乎和他们这

◆ 普洱茶饼

个民族的历史同样古老，有的则比他们民族的历史还要老。在他们心里，茶树是图腾，是祖先的荫庇，文化的魂。而这些茶树，也居然可以几千年不倒，似乎知道它对于聚集在其身旁的这群人的意义，它若倒下，这个民族可能同它一起消亡。所以它尽管容颜已衰，但依旧青春不老，一年四季都枝头吐翠，奉献着嫩绿的叶片，就是为了让这些以它为精神维系的民族能世世代代生息繁衍下去。在《话说茶文化》里看到倭尼族有一棵几千年的老茶树，要倒未倒几十年后终于一朝倒下。但令人惊奇的是，倒下的只是它的一半树干，剩下的那小半枝却依然支撑着身了，仍旧发芽吐翠。可见陆羽所谓南方之嘉木，其可嘉之处就在于其生命力无比顽强及无私奉献精神。

不同的少数民族说着不同的语言，有不同的文化背景，所以也有不同的喝茶习俗、礼仪和茶文化。比如白族的三道茶——第一道是苦茶。将茶叶在瓦罐里烤至焦香，用开水冲泡后直接饮用，其味甚苦。意寓人生要担大任，必先吃苦；第二道是甜茶。将茶水注入放有红糖、奶皮和核桃的茶盏中，喝起来香甜可口。意寓先苦才有后甜；第三道是回味茶。将茶水冲入放有蜜糖和花椒的茶盏中，意寓人生常回味，酸甜苦辣俱全；比如纳西族的龙虎斗茶——将茶叶放在瓦罐里烤至焦黄，注入开水煮沸，又端来半盏冷酒，将煮沸的茶水高冲入盏中，冷热相遇，发出嘶嘶响声，犹如龙虎相斗；又如德昂族的水茶——也叫腌茶。将采来的茶叶晒干，一层茶叶一层盐巴紧压。一周后取出，用于嚼食，可消渴消食解乏；又比如倭尼族土锅茶——将当地老茶树特产的茶叶放入大土锅煮约5分钟，

◆ 广西六堡茶和云南紧茶

◆ 云南竹筒香茶和广西笋壳茶

然后将茶水舀入竹筒饮用，茶香竹香融为一体；再比如佤族的铁板烧茶——将茶叶放在铁板上用火烤至焦黄，然后将烤好的茶叶放入正在煮的开水中，现烧现饮。还有少数民族普遍以茶代菜，如基诺族人将茶叶过水（杀青）后放入各种调料做成拌凉茶等，现今时尚的茶餐就是从中得到的启发。这些颇有古意的饮茶习俗往往还伴有各民族的敬茶歌舞。喝茶既是休息又是宣泄，形成了中华民族多元的茶文化现象。中国历史上还有这样的现象，西北边疆少数民族和藏族都是和茶须臾不可分离的民族，只要没有茶，边关就不安宁，所以从汉代开始，历朝历代的政府都在边关设立茶马互市贸易。到明朝，一匹马的价值是120斤茶。这是种各取所需的交易，政府和商人得到了国防作战和商业运输需要的良马，少数民族则获得了他们生活需要的茶。西藏则由于唐朝文成公主和亲将茶叶带入藏地而使西藏永远没有离开过中华民族大家庭。所以，从解放后直到现在，边疆茶的生产和供应仍是国家尚存的计划经济硬指标。这些专供边疆的茶被制成立柱状、砖块状、铁饼状和所有其他几何形状，巨型的茶块要人拉肩扛才能将其搬动。你简直想象不出，小小一片片茶叶一旦凝聚起来，会有这么沉甸甸的份量，对华夏56个民族团结起着多么巨大的作用。

物资的扩散叫做物流，文化的扩散叫做传播。传播，在现代社会借助于纸质的、影像的和电子等媒体以声光速度传递着文化信息，同时也传播着文化垃圾。但在没有这些传媒的古代，茶是中国文化向外传播的最早、最主要媒体之一，其文化意义远大于其经济利益。茶文化的传播过程缓慢甚至漫长，

◆ 汲水煮茗图（清无名氏绘）

历经几千年，就像文火煨汤——所谓文火，是相对于武火、大火、急火而言的微火和慢火——文火的"文"和文化的"文"字是同义的，都表明一个对物质慢慢熬制、慢慢升华的过程。用文火炖出来的汤，把汤料里的精华融化在了汤里。其中的料食之无味，汤则美味可口。同样，文化亦是从物质到精神文火熬制的过程，其间，物质汤料慢慢脱离其原形升华出精神元素组合而成的文化符号。有个老外将其形象地称为"心灵鸡汤"。中国文化中，有两大文化符号最为源远流长。一个是玉文化。玉，从其无瑕坚硬的物性特点，升华为中华民族德行符号。人们用玉来比喻君子，比喻美德，比喻美人。还有一个就是茶文化。茶，因其清淡敬和的特性，不仅成为中国人生活必需品，中国人所追求的淡泊名利、中庸、和睦、爱好和平、追求和谐的性格就是来自于茶的秉性。

茶融于水，但浓于水，沉淀在水里的是茶叶，飘散出来的却是纯粹的精神之美，浓郁的文化芳香。

第十讲

博弈时代

博弈论（Gametheory），是美国数学家小约翰·纳什22岁时（1950年）在他提出的"非合作均衡"理论上发展而来的。其原来是个数学概念，如今已经被广泛应用于管理学、经济学、政治学、社会学乃至法学、军事学等领域。当时，使纳什一举成名的，是一篇仅仅27页纸的博士论文。可能由于这一发明耗费的脑细胞太多，让他的左右两个脑半球出现了沟通上的障碍，纳什在30岁的时候得了精神分裂症。据说他在某一天的报纸上发现了外星人出的难题，而这道题在地球人中只有他能破解。和外星人接触过的人，自然和人类有点异样，以后三十年的日子，纳什是在精神病院和妻子照料下度过的。天上一日，地上千年，也许外星人等了一节课的时间（地上30年≈天上时间45分钟）；看这个地球上最聪明的年轻人也解不出他们星球上的小学生题目，叹了口气说：唉，可怜的地球人，连小学生都不如。便说声拜拜，开动星际飞船扬长而去。也许外星人像中国民间故事里的神仙一样，好为人师，用一节课的时间给这个聪明的年轻人传授了什么法宝，反正30年后，纳什的脑子又恢复到正常的频道，提出了震撼世界的博弈论，轻而易举把诺贝尔奖揽入怀中。如果这事发生在中国，一定会有一个类似张良"黄石授书"——张良为神仙老人拾履，遂得《太公兵法》奇书，以书中奇招助刘邦得天下——的有关纳什得到某种神示的离奇传说。天才和疯子仅一步之遥，或者可以直接划等号，这是有病理学依据的。其病症无非两种：精神分裂症或躁狂抑郁症。这些天才+疯子患者，可能都与外星人有染，智力、能力超常，行为自然也超常。古今中外，凡称得上天才的都多少有点这方面的病。19和20世纪，是疯子式天才或天才式疯子辈出的时代。诗人中如拜伦、雪莱、马雅可夫斯基，作家中如海明威、川端康成、三岛由纪夫，哲学家中如康德、尼采、叔本华等，其命运不是抑郁而死，就是自杀而亡。以这些常人中的异类或极端分子为研究对象，现代精神病学才得以发展，心理学家如弗洛伊德、荣格等才有了非凡的成果，继而有了非凡的名声和非凡的利益。

有意思的是，现代医学足以治好这些病人，一个悖论却让研究精神病的科学家也几乎发疯：现代优生学能减少精神病的发生，但因此也会减少天才的产生，减少了创造力。To be or not to be，这是个问题，但说来话长，非本文所要讨论的。

博弈论最原始，也是最有名的案例就是所谓"囚徒困境"。说是警察抓到两个盗贼嫌疑人，因为证据不足，只好把他们俩隔离审问，审讯时给他们3个选择并交代相应的量刑标准：其一，共同抵赖，警方因没有证据而只好放了他们；其二，甲检举乙，乙抵赖。甲因检举有功而从轻发落，可以走人，乙则要判刑10年，反之亦然；其三，甲和乙都认罪服法，这样各判五年。由于甲和乙是两个各自的行为主体，不是连体兄弟，也不是克隆人，在信息不对称（串供）的情况下，谁也无法判断另一同伙会做何种选择，这时只好靠瞎蒙了。选择一，当然是最佳方案，但甲乙两方这时都会想，事情到这份上，大难临头各自飞，那小子肯定想自己脚底抹油把我卖了，不能冒这个险；选择二，既然我不相信他，他也一定不相信我，所以我也甭指望自己得0分，让他得10分，天底下没这等好事；那么，剩下的唯一选择只有三了，两人都认可坦白从宽，抗拒从严，交待问题。这样做，尽管要在牢里呆上五年，但大家待遇一样，心理平衡。利益当前，诱惑当前，互不信任，这是人类活动中任何关系双方的通则，真正的江湖义气，为兄弟两肋插刀只是故事。这就是博弈论的前身，著名的"纳什均衡"，纳什所研究的是，即使所有人在所有事上都互不信任，甚至像《红楼梦》凤姐所说的那样，一个个像乌眼鸡那样，恨不得我吃了你，你吃了我，也能达到某种利益均衡，这叫做"非合作均衡"。纳什这个人，前三十年辉煌，后三十年沉默，然后重出江湖，再度辉煌，这样的轮回也算是在他的人生道路上应验了他自己所创造的均衡。

均衡本来是——对应的两个方面的事，但纳什在病好以后把这一理论推广到了群体的均衡，非合作各方面的均衡。自有人类社会以来，这世上就充满了不均衡，地盘不均衡，资源不均衡，利益不均衡，力量不均衡……什么都不均衡，不均衡就会有冲突，武侠靠刀剑，黑道靠火拼，国家靠战争，政客靠强权，老百姓无可靠，只好靠皇帝圣明，靠包青天（包拯）、海青天（海瑞）公正。这些方式在后战争时代、后强权时代，总之是和平时代、民主法制时代都不时兴了。在不改变人类本性，不改变客观条件不均衡的情况下，博弈，就是解决不均衡问题的无声无形手段。博弈论告诉我们，只要有足够的博弈资源、信息、人群，加上足够的博弈次数，最后是能够达到不一定是最佳的，但是大家所能接受的均衡的。追求均衡，就好比舞池里交换舞伴，希望最后找到与自己合拍的；好比不断更换恋爱对象，希望最后找到门当户对，气味相投的；又好比足球场上，不分胜负，最后只好以点球来决胜负。点球就是在无分胜负的情况下，靠增加博弈次数来得出输赢结果；再比如每天赌博的人，今天赢了，明天输了，只要不输光本钱，继续赌下去，也就是增加博弈次数，就总有翻梢的机会，结果应验了一句老话：常赌无输赢。由于纳什是以下棋游戏来作这番比喻的，所以他的game理论被译成"博弈论"。进入计算机时代以来，博弈论应用于解决各种难题，找出应对的策略方法，近几十年集中在解决宏观经济与企业经营方面的困难：大到建立国际经济新秩序，小到新项目是否投资，房价是涨还是落，杀出一匹"黑马"，是合作还是博杀，出击还是退守，都有不同算法。经营决策中，不再拍脑袋，大家都在敲计算机：矩阵，排列组合，线式方程，模糊方法，各种信息数据输入，最后结论显示在屏幕上。博弈从不同角度可分为动态博弈和静态博弈，完全信息博弈和不完全信息博弈，合作博弈和非合作博弈，博弈论是一门生机勃勃的成长中的学科，国际上已有4组学者因研究和推进博弈论发展获诺贝尔经济学大奖。现在媒体上出现频率最高的的几个词：双赢、多赢、信息对称（不对称）、优化、最大化、负增长、负面影响等几乎都来源于博弈论。

世界已经无可挽回地进入到博弈时代，中国也无可选择地加入了国际博弈群体（组织）——WTO。中国的商界，就像刚上路的新手，屁股后面贴着"新手上路，请多关照"的警示牌。新手上路的次数不多，而且经常不守规矩。开始，人们确实也让着新手一点，于是新手觉得我是新手我怕谁，如入无人之境。但随着上路次数的增多，新手变成了老手，这时还以新手上路的幌子招摇过市就露出破绽来了。于是，和你抢道的人也多了，其中包括下一代的新手。你出门十次、百次不一定碰上啥事，但一千次、一万次呢？中国人常说的万一，即使出事的概率万分之一，你也得碰上了。这就是区别于简单对弈的——博弈。实际情形正是如此。中国始终把自己列入发展中国家，挂上新手上路，请多关照的警示牌，中国的商界趁此机会用中国廉价劳动力+高能耗生产的产品在国际市场上与所有的博弈对手展开低价竞争。一开始，人老外还让着点，结果国内商家越发来劲，不仅在国际市场，在自家窝里也博弈起来。恐怕只有在中国，才有从高往低竞价的拍卖会（本人曾领教过）。这种博弈的结果是利润摊薄，假冒伪劣大行其道。一直把中国人当新手的老外们缓过神来一看，好家伙，除了飞机军舰大炮原子弹以外，这个世界到处都Made in China了。据统计，全世界60亿人口的三件衣服、两米布、一双鞋和半顶帽子都Made in China。中国一年的出口贸易额已经达到2万多亿美元。外汇储备也有3万亿，是世界上外汇储备最多的国家。靠，这哪里还是新手，简直老谋深算到家了。市场出现了不均衡，就会有无数的博弈对手冒出来强制你均衡，和你抢道是客气的，有时还干脆让警察扣了你的驾照。关税是大家商量好的，没法做文章，但对中国出口产品启动反倾销程序（主要对纺织品）、提高技术壁垒（主要对农产品）就相当于扣你驾照。随着博弈战线的n次扩大，博弈次数的n次增多，新手凭运气独占鳌头的几率就n次减少。入世谈判之所以漫长达几十年，就是因为你这个新手能否上路是一票否决制，相当于你要说服所有先入山门为大的你的博弈对手（关贸总协定缔约国）投你的赞成票。大家能够聚到一起的潜台词就是一句话：有钱大家赚。所以你得把人家看做不是你的对手，而是你的对象，经常和他交流、沟通，换位思考，利益均沾，与人方便，自己才能方便。这才是博弈的精髓所在——均衡。

作为世界贸易博弈焦点——农产品之一的中国茶业，是本文的主角。历经几千年沧桑，几百年博弈，人们现在看它的目光，就像朱自清那篇著名散文中的我，目送着父亲那苍老的背影逐渐远去。

三百年前开始，世界茶叶贸易是中国的一统天下，由清朝政府垄断了茶叶的对外贸易。当时已经把茶作为国饮的英国人，好不容易绕开西班牙、葡萄牙人开辟的航路，找到一条由美洲绕道中国的专有航路，并且拼命向中国人伸出橄榄枝，目的是进口中国茶叶满足日益增长的国内需求。清政府料定英国商人这时的购买心理就像家里死了人，进棺材铺买棺材一样，一不大会讨价还价，二不大会货比三家，三不大会投诉退货。

所以鸦片战争以前，是中国的清政府端着茶叶大国的架子，把不平等的贸易原则强加于人。茶叶的价格是政府部门随口开的，一口价，没有讨价还价的余地，而且必须拿现大洋——白银作为通货。英国商人为了做成生意，便买通中国"不法"商人走私茶叶（那时的广州就是走私口岸）。当时的交易情景：城门是不开的。城里的中国商人站在城墙头，把茶叶一包包从城墙上吊下去，城外的洋商则在下面接包。有点像小偷的里应外合。为了不被官府查扣，还得行贿政府官员对此眼开眼闭。英商后来简直不能容忍这种有辱人格的交易方式，此外付不出也不想付银子了，就拿鸦片来对冲。于是许多中国茶商也同时是鸦片商，从内地低进高出做茶叶生意，从海上低进高出做鸦片买卖。不必像英国商人那么来回折腾，坐地就两头赚个发寒发热。鸦片源源不断输入，不仅冲抵了巨额白银收入，而且对中国人民身心造成巨大祸害。于是，满清政府在禁烟的同时，把茶叶出口也禁掉了，连强加于人的不平等贸易也不做了，等于倒洗澡水把孩子也一起倒掉。

1840年的鸦片战争实际上是一场茶叶战争。英国人用坚船利炮的强权来打破中国对茶叶的强权垄断，达到均衡的目的。从17世纪到19世纪，英国和中国两国对弈，上半场是中国胜，英国负；下半场是中国负，英国胜。本来清政府打输了向英国赔了地（割让香港）赔了款（弹药成本、抚恤金和精神损失费），两家可以均衡了。结果不然，前脚英国人进门，后脚跟进来当年所有的外国列强，拉开了见者有份的架势。面对那么多强手，清政府知道这盘棋就下不好了。被人兵临城下，烧了

◆ 清末广州茶叶贸易

圆明园，还要像十足的冤大头一样，自己被揍得鼻青脸肿，却要赔人家拳头和精神损失费。当时的咸丰皇帝越想越冤，十分郁闷地问自己，为什么受伤的总是我？他躲到承德避暑山庄欲想通这个问题，然而郁闷并非郁闷者的通行证，想到死也没想通。他死了，远远近近的鹰隼闻到了腐尸味，俯冲下来将他和他的国啄食得面目全非，惨不忍睹。

　　1856年第二次鸦片战争后的中国情景就是如此。清朝版图缩水几百万平方公里，银库里清空库存，落得无钱一身轻，不必再严加看管以防止库兵用训练有素的肛门夹带银锭出去。已经这德行了，当时掌权的慈禧太后还感觉挺好，当自己是节烈贞妇，割地事小，赔银子事大；直到被逼无奈，到了李鸿章中堂大人带着枪伤求日本人在赔款中让几千两银子只当是回国的盘缠日本人也不答应的时候，又觉得赔银子事小，赔面子事大了。所以在与接踵而来的外国列强签协议的时候，唯一可以较真而人老外不当回事的就是割地不叫割地，叫做租地。外国割去的地界叫租界。租界里面实行的是外国的法制，一些政府钦犯（其中也有革命家）躲进租界，就等于有了外交豁免权，官兵只能站在界外干着急。这样的国中有国，是当时的中国特色。反正弱国无外交，只要让他有面子些，只要大龙旗还在飘着，紫禁城、颐和园还在，主权方面洋人爱做主就让他们做主吧。人家老外讲实在，只要目的达到，管你叫阿狗阿猫都行。至今，当年上海法租界的小洋楼、英租界的大洋楼及其优雅生活，还是令人津津乐道，心向往之的。主权丧失了，贸易门户也形同虚设了；茶叶来源不愁了，欧洲各国对茶的税收也放松

◆ 清代箱茶外运

了。二百年前（17世纪）被欧洲人奉若神明的"东方仙草"，还没有修炼到家，就把仙气漏得差不多了。所以，到1886年，中国茶叶出口在10万吨以上，达到有史以来最高纪录。这是中国茶史上茶业发展的最高的也是最后的巅峰，是世界茶叶市场因鸦片战争这场战略博弈把中国垄断世界茶叶的格局彻底打破而达到了某种程度的均衡所致。而此后，这座巅峰就像珠穆朗玛峰的冰川遭遇到全球性的厄尔尼诺现象（温室效应）一样，再也没有长高，反而一天天缩水变矮。中国茶业从1887年以后就一天天走向衰退，茶叶出口开始出现连年递减的势头。这又是什么原因呢？

19世纪，是德先生（democracy民主）和赛先生（science

科学）两位欧洲绅士最牛的年代。德先生是18世纪的过来人，受英国工业革命和法国伏尔泰、卢梭等启蒙思想家以及法国大革命的追捧，俨然成为当代耶稣。其振臂一呼，万民响应，走到哪里，封建专制制度就在那里趴下；赛先生显得较为年轻，他的成果是三大发现，即能量守恒定律、细胞学说和进化论，其伟大程度足以覆盖一千年前中国的四大发明。两位绅士一联手，整个人类社会都朝着他们的方向行注目礼，继而被他们征服。当然，征服是离不开武力的。

站在当时欧洲人的视角，往西看，是茫茫大海；往东看，才是大陆腹地，那里的所有原住民，才是他们的市场，他们要征服的对象。所以，当时最牛逼的大英帝国站在格林尼治本初子午线（东西经0度）上，根据自己的东征计划把东方大陆分为三截，离他们近一点的叫近东（欧亚非交界处及北非），稍远点的叫中东（现在战火最旺的那地儿），最远的叫远东（中国及东亚、南亚和东南亚）。上世纪50年代电影《铁道卫士》里面的远东情报局，其总部大概就设在当时美军占领下的南朝鲜。欧洲人对远东的殖民远远早于征服，因为殖民多少带有协商的、开发的成分。估计现在以英语为官方语言的远东国家都是当时协商、开发建立殖民地的结果。而中国人的乡土观念，哪怕客死他乡也要叶落归根，让人把装着自己遗体的棺材飘洋过海抬回家，别说让人家来殖民了，所以欧洲人只好靠武力征服达到在中国殖民目的。

印度、斯里兰卡（锡兰）是欧洲人最早在那里搞殖民地的，所以欧洲海事发达国家在那里设立的公司都叫东印度公司。这是东印度公司来历的一种说法。还有种说法是，当年哥伦布寻找的目的地是印度次大陆。他一路驾船一路念叨着：印度、印度、印度……，结果遇上一阵恶风把他撞得晕了头，迷失方向走错了路。真正的印度没找着，找着了美洲这片新大陆。他从船上到两脚着地，晃晃悠悠地还在念叨：到了印度，印度到了，到印度了……，结果遇见的"印度人"满身八卦，头上插着鹰羽，脖子上挂着骷髅项链，和探险书上描绘的文明古国印度风马牛不相及。他暗叫：不好，走错人家了。继而一想，不失为意外收获，真是塞翁失马，安知非福也。于是，他耍了个滑头，回去向赞助商交差的时候，一口咬定自己发现了印度，喏，那么大的珍珠，那么纯的黄金白银就是证明呀。结果，以讹传讹，美洲土著人被叫做印度人。后来哥伦布的牛皮穿帮了，真的印度被找到了。大概真印度人要和哥伦布打侵权官司，但此时木已成舟，在英语里，印度人和印第安人都叫Indian，已经编入词典，不好改了。于是，欧洲人只好把哥伦布的假印度人改叫印第安人，美洲的那个印度叫西印度，而远东的那个印度叫东印度了。

对于爱喝茶的英国人，他们的东印度公司拥有大片丰饶的阳光大地，筷子插下去都能活，别说茶树了；印度的贱民又比谁都贱，劳动力也不是问题；印度本来也有不少野生茶，只是没有刻意去发展为产业；再说现在在中国办点什么事情，如探囊取物。于是，1886年前中国茶叶出口和茶叶生产飞跃发展，英国一次次派人到中国搜集茶种、学习茶叶生产、引进茶工在印度和锡兰大力发展茶业。印度茶业为什么发展得那么快呢？

英国人说：现在不是有细胞学吗？我从植物细胞上下功夫，改良你的茶叶品种；现在不是机器时代吗？我从效率上下功夫，用机器代替你人工采摘；现在不是商业社会吗？我从品牌上下功夫，让你的茶成为我的原料；你不是绿茶大国吗？那么好，你替我生产绿茶，印度生产红茶，成为红茶大国，把斯里兰卡、肯尼亚这些产茶国都叫进来，在一张牌桌上，你们博弈，博到产量、质量、价格你们各有输赢。差不多均衡了我再下手。好比是让鹬蚌相争，我就是那个渔翁。

由于红茶是最接近咖啡口味的茶叶品种，而中国生产的茶70%以上都是绿茶；

由于印度、锡兰等都是英国海外省，茶园主是英国人自己；

由于英国人从一开始就把茶叶生产流通同金融资本联系起来，世界茶叶的最大交易市场是在不产一片茶叶的英国（伦敦茶叶拍卖市场）；

由于中国少数茶农在出口茶叶中掺假使坏，比如平水珠茶，有的茶农用水泥替代糯米作为凝结剂，坏了名声，被国际市场封杀；

由于中国的茶叶广泛使用不合规的农药杀虫，重金属污染也厉害，欧洲人生命值钱，不得不以不断提高的技术壁垒来阻止中国茶叶进口。

中国茶业走上了一条积重难返的下坡路。按照同比，中国茶叶的产量和出口量再也没有达到过1886年的水平，尽管世界卫生组织认定绿茶为人类第一健康饮料而加以倡导；尽管中国

◆ 蕉荫煮茶图（傅抱石绘）

的茶园面积达到1700多万亩,相当于11.3万平方公里,相当于同为产茶国的两个斯里兰卡的国土面积,占世界茶园总面积的45%,居世界第一位;尽管中国有8000万茶业从业人员,同样是世界老大。那么,让我们来看看,以2004年为节点,中国老大的茶叶生产量和出口量居于何种水平呢?

2004年世界茶叶总产量315万吨,印度茶叶产量85.7万吨,占世界总产量的27.4%;中国80万吨,占世界总产量的24.6%;斯里兰卡产茶31万吨,占世界总产量的9.75%;肯尼亚产茶29.6万吨,占总产量的9.4%。出口量,中国出口茶叶近几年徘徊在30万吨左右/年,出口产值徘徊在5亿美元左右,在国际茶叶市场的份额只占到6%,远低于印度、斯里兰卡。这里面固然有中国所处的温带地区和亚热带地区生长和采摘周期长短的区别(印、斯一年四季都可产茶,斯里兰卡部分茶叶产量高达3000公斤/公顷)但从根本上说,还是世界茶业的产业化、工业化和中国茶产业依然以小农作业为主造成的差异。这种差异,从茶叶单产水平看:中国大约608kg/公顷;印度1498kg/公顷;日本1725kg/公顷;从效率效益水平看:联合利华公司旗下的利顿公司每年茶叶拼配量近30万吨,占全球茶叶总产量的近1/10。销售量28亿美元。拼配厂伦敦、墨西哥、新加坡3家。中国有近7万家茶叶加工厂,平均每家加工茶叶10吨。从业人员人均产值200元。

中国茶园面积世界第一,茶叶产量世界第二,茶叶出口世界第三。茶叶生产多方博弈的结果,北纬30度输给了赤道,绿茶输给了红茶,名贵茶输给了有机茶,特种茶输给了大宗茶。

正像中国古代的包括四大发明在内的无数发明，墙里开花墙外飘香，源自中国的茶文明到头来成了别人的文明。

20世纪是世界茶产业蓬勃发展的世纪。世界上产茶国都是亚非拉人民居住的地儿，种植面积已经达到25万多平方公里，全球人均40平方米，而以全世界喝茶的人数约30-40亿计，人均茶园面积就达到70-80平方米，也就是亩制的一分到一分二。中国农民在人民公社时代，靠人均一分的自留地，就能养活一家老小；人均一分多的茶地，也尽能让全世界喝茶人自给自足了。对有些国家来说，茶叶是他们的生命线，如斯里兰卡，整个国家几乎就是个大茶园，所有产业都像群星拱月一样围绕着茶产业，1/3的经济收入来自茶产业。全世界茶叶产量每年已经达到350万吨。如果以全世界喝茶人数为35亿计，那么每人可以喝上1公斤/年的茶。而中国这个茶叶消费大国，统计出来的人均消费茶叶才0.6公斤/年。茶叶供求关系经过一个世纪以来，产茶国家多了砍，少了栽（上世纪八九十年代曾供过于求），几度风雨，几度春秋，几度沉浮，几度博弈，终于将产量和销量定格在了现在的位置上。市场这只看不见的手，以销定产这条无声的法则，使之达到了均衡。未来，随着茶叶延伸产品的深度开发产业日益发展，人类若不只在饮食方面，而且在生活日用品、医药等所有日化、药化、生化方面的添加剂都用茶叶原料替代化学原料，那么，现在全世界的茶叶产量只是其需要量的1/10，届时，茶叶生产方面的新一轮博弈又将狼烟再起。

"囚徒困境"最能找到匹配案例的，是各种消费商品的价格大战。大战的手段无非是低价竞争。就好比举办一场从高向低竞价的拍卖会，拍卖师就是消费者，在价位最低时拍响惊堂木。大战的结果，就是参战者都感受到了利益中不能承受之低，于是，大家坐到了谈判桌兼饭桌前，收起一腔怒气，绽放一脸笑容，在亲切友好的气氛中采取先谈后吃，先吃后谈，边吃边谈等与食文化密切结合的谈判方式，然后签署一系列的协议，其中包括停战协议、市场分割协议、战略合作协议、价格联盟协议等在内的厂厂同盟、厂商同盟、商商同盟协议文本。此时此刻，合作是其主旋律，是畅想曲，签完协议，还有人提议大家手挽手高唱《团结就是力量》。由合作产生均衡，所谓双赢、多赢是大家的共同愿景。然而，各自一回到自己的老板桌前，谈判桌和饭桌上的那些场景便只能在照片上看到了，囚徒心理立马占了上风。什么原因？因为博弈程序起作用了。

在博弈方程式：非合作 $X=Y$ 中，非合作是一个常数；X 是包括局部合作在内的博弈手段，是个变数；根据 X 的变化能达到的均衡值 Y 因此也是变数。建立在谈判桌兼饭桌基础上的合作协议把变数当成常数，因而如同废纸。

话说老板们回到家里（相当于隔离），才发觉自己面临和囚徒一样的困惑：如果所有人按合作协议办事，那当然上上大吉，大家都有市场、有利益。但谁会甘心据守被人为划分的市场和利益？要是有一个人先动歪脑子明修栈道，暗渡陈仓，用价格优势占领别人的领地，又有什么人、什么手段来制约他？既无制约，谁又不想当这个人？况且我都这样想，别人会不这样想？所以，想来想去，还不如回到老样子，1/3 靠运气，1/3 靠本事，1/3 捣糨糊，七捣八捣说不定还能有胜算，就算输了，也输个明白。由于所有"囚徒"都想法一致，选择了一条既不利己，也不损人，利益菲薄，但大家均衡的道路。这样一来，倒是便宜了消费者，消费者对此表示满意，消费量增上去了，厂商菲薄的利益雪球也滚大起来。这个时候，所谓双赢、多赢才能得以实现。而人们很难或者很不愿意相信，只有利益者之间互相猜忌，互相争斗，才会产生这种均衡局面。这就是博弈论的高明之处。

　　世界茶业的价格博弈也基本是这样一个故事。一位德国茶商不解地问中国茶商：我每天都收到大量来自中国的茶叶信息。这些信息都告诉我，他们想要卖给我们的茶叶价格是如何如何便宜，却没有什么信息说他们的茶叶质量是如何如何好，所以价格也相应很不便宜。德国人均国民收入是中国的几十倍，他们宁愿接受质优价高，符合卫生健康标准的茶叶，也不愿意接受低质低价的茶叶。中国茶商听了，用西洋人的方式，耸耸肩，摊开两手，作一番无奈的表情。因为他们已经无可选择地卷入了茶业界旷日持久的价格博弈战。世界茶叶贸易均价目前仅为1.5美元/公斤，而中国茶叶出口价格近20年来一直呈下降趋势：1980年代平均价格为2000美元左右/吨；90年代降到1600美元；进入21世纪进一步降低到1.3美元/公斤，最后在这个价位上也撑不住，到2004年跌落到谷底，1美元/公斤。同样质量的一吨珠茶，在上世纪八九十年代还卖到6000美元，现在只能卖2000美元；龙井茶在国外作为特种茶，在某些著名大超市、大mall里零售价折合2000多元人民币/公斤，但它的产地出口价至多为100多元/公斤；美国是中国茶叶的第四大进口国，但中国的绿茶作为原料被广泛应用于制造肥皂、蜡烛等日用消费品以及含片、饮料等食品。据统计，世界各产茶国所获得的茶叶农业收入只占终端消费收入的3-5%，其余95-97%的利润都在承运、拆分、拼配、包装、贴牌后被各个商业环节瓜分，其中非物质消费，也就是包括广告、品牌形象在内的茶文化消费含量占了大头。世界最大茶商立顿公司把各种茶像中药铺抓药那么一拼配，贴上一商标，每公斤就卖到9.3美元，几乎是世界茶叶农产值均价的10倍。

世界产茶国没有一个像石油输出国那样的组织（OPEC）可以和输入国对话。世界最大的茶叶协会如欧盟茶叶协会、英国茶叶协会等，几乎没有黄皮肤或黑皮肤的成员。只是因为长期以来，黄、黑皮肤者都是原料供应商，没有资格参与到终端消费市场。而这个市场就是在任何方面都引领世界消费潮流的欧美市场。他们从产茶国进口的是灰姑娘，经梳妆打扮，穿上水晶鞋，立马变成倾国倾城的美丽公主而身价不菲。当然，灰姑娘能值几个钱，世界上又有多少个这样的灰姑娘参与竞标？灰姑娘一心只想博得王子青睐，会怎样标榜自己的身价吸引王子视听从而一举夺冠？这是一场博弈。在此，博弈论学说再次证明了它对人性的深刻参透，囚徒心理再次被验证。

所有的灰姑娘（产茶国）毫无二致地选择了不要身价，只要身份的策略。然而，是不是只要降低身价就能博得王子（进口国及其消费者）青睐呢？

不然。王子现在有很多差不多身价的灰姑娘可供选择，况且他并不缺钱，因此他有理由抬高择偶标准。于是他设置了较高的准入门槛。王子是有文化的，因此他要求该灰姑娘有深刻的文化背景和底蕴；王子是注重健康的，因此他要求该灰姑娘健康状况良好，本身没有任何瑕疵和疾病，更不能给他和他的下一代带来任何瑕疵和疾病；王子又是注重形象的，因此他要求该灰姑娘美丽端庄，和蔼可亲，适宜各种人群，受到万民仰赖，成为自己的面子代言人；王子还是讲究君子风范的，因此他要求该灰姑娘对他真心实意，永远不掺假使坏。只要有过一次过错被他抓牢，他就永远与之拜拜。

迄今为止，还没有哪个灰姑娘能够完整地实现王子的心愿，尤其是在文化和形象方面。来自中国的灰姑娘其实血统高贵，本来最有潜质，要文化有文化，要形象有形象，但是没有把自己的优势当成优势，更没有努力改变自己的劣势；小姐身子丫头命，把自己定位在和所有灰姑娘同一起跑线上，拿自己的弱项和别人的强项赛跑，结果优势无法发挥，劣势却更加突出。几千年的茶文化，世界最大的茶园面积，世界最多的茶叶从业人员和最多的特种茶、绿茶生产量，却在博弈中名落孙山。

世界茶叶供求和价格基本定格在目前的水平上已有十年，既说明了茶叶在世界范围内的供求关系趋于平衡，也说明已经没有更多的利益空间驱使产茶国去为之展开新一轮博弈。王子没有找到十全十美的配偶，便也将就，不再追求梦幻般的童话结局，对待灰姑娘们也讲究实际：博采众长，为我所用；制衡各家，为我所控。

世界茶业市场和消费格局留给产茶国的生存空间也已经

◆ 清代茶馆的热闹景象

十分有限，更毋庸说发展空间了。但唯一的发展空间却留给了中国，就看中国茶业能不能抓住这个百年难逢，却能让中国茶业重新雄起的机遇。这一空间就是随着中国风吹遍世界，人们对茶的中国根的追寻，对中国专利的茶文化和品牌的渴望，对来自中国的饱含文化和自然渊源的优质优价茶叶的需求所带来的超额利润。这一空间的唯一占领者当属中国，因为中国茶的先天条件人无我有，而其他人强我弱的后天条件是可以迎头赶上的。尽管其实现尚需假以时日，其间还有千折百转，但只要八千万中国茶业从业者清醒过来，扬己之长，克己之短，中国茶这位血统高贵的灰姑娘就早晚会有脱颖而出，身价百倍，重新登上皇后宝座的一天。

中国历史悠久的茶文化和茶资源转化为生产力一定是已经初露端倪的新一轮博弈的制胜法宝。中国茶在这方面有公认的专利，这是大自然和老祖宗的赋予。但没有这些专利权的后来居上者照样在茶业博弈中不断争取与自己的产出相符合的利益，与茶叶流通的各个环节达成了利益的均衡。这种均衡，是通过建立茶叶拍卖市场，以公开、公平的竞价交易方式获得的。

中国人有个祖上留下的爱面子的老毛病，一听到拍卖两个字，这老毛病就没法不发作。在他们看来，走上拍卖这条路无疑就是走上绝路。企业倒闭了，欠了一屁股的债，法院就把你的剩余资产拿去强制拍卖偿债，这是很没面子的事；家道中落或者有事急等用钱，但手头别无长物，幸好有几件祖上留下或早几年淘来的古董，被逼得只好拿去拍卖换钱，这也是很没面子的事。再看看外国小说，尤其是小仲马的《茶花女》。茶花女人还没断气，拍卖公司就上门来把她的东西全部搬走，一点人情味都没有。反正银行、当铺、拍卖行在旧社会都是喝人血、吃人肉的地方。到头来，我们祖传的宝贝茶叶还要我们拿到拍卖市场去让人横挑鼻子竖挑眼，把你宰到骨头里，你还得付掮客劳务费（拍卖中间费），老子丢不起那人，宁愿不卖。所以，中国直到进入21世纪的今天，茶叶交易包括外贸还固守着三百多年前的一对一的交易方式，由此造成中国茶叶生产的小农经济状态延续至今，大大落后于其他农业产业。而在中国人脑子里还没转开这个磨时，世界茶叶市场已经建立起十分完善的拍卖交易机制。

最早的茶叶拍卖市场是成立于19世纪中叶的伦敦茶叶拍卖市场。英国是茶叶的销地，本身不产一片茶叶，因此也不可能保护产地利益。经过产销双方一个半世纪的博弈，随着伦敦茶叶拍卖市场关张，出现了茶叶销地的拍卖市场纷纷倒闭，产地拍卖市场逐渐兴旺的现象。若放在三十年前总结这种现象，肯定被说成是殖民地人民反抗殖民主义剥削和压迫的胜利。

迄今，全世界11大茶叶拍卖市场中的9个是在亚洲（印度6个；斯里兰卡1个；孟加拉国1个；印尼1个），2个在非洲（肯尼亚1个，马拉维1个），年交易量为世界茶叶交易量的70%。这些拍卖市场得到国家政府的支持，如印度政府规定，茶叶公司生产的茶叶，75%必须进入拍卖市场；斯里兰卡的规定是95%。相对而言，茶叶贸易原始时期的私下交易的外贸方式，其价格风险、资金风险、信用风险都较大，而中国自有茶叶出口三百多年以来一直采用这种高风险方式来销售茶叶。对茶叶进口商来说，拍卖反而是他们乐于接受的销售方式，如联合利华公司65%的进货渠道来自拍卖市场。

拍卖市场的最大优点是"完全透明"。有了拍卖商充当担保人，可以确保卖主收回货款；拍卖商品目录的广泛流传可以使生产商获得更多潜在买主；拍卖行能使生产者免除专业化分销和营销工作的额外负担，使自己的产品和无数的买主见面。市场需要规则，拍卖市场就是一个规则场所。由拍卖师在场，买卖双方都能在一个公平的场地上磋商，几乎没有操纵价格或私下串通的可能性。当然，由于电子信息利用，一对一的私下交易也成为可能，但最终比照价格还是要参照拍卖市场的价格。

中国改革开放以后，也办了不少商品市场，其中包括茶叶市场，但大多是以市场带动生产，如义乌小商品市场，是先造就市场，再带动生产基地的形成。而中国茶业的情况不同，是先有了大量的资源（茶叶），而这些资源停留在初级农产品阶段，只反映出其农业产值，因此需要有一个这样的市场交易平台，给初始资源注入文化的、科技的、流通的附加值，而这些附加值所占比例是其农业价值的9.5倍以上。当然，这样高比例的附加值只有在进入国际贸易渠道时才能产生，国内贸易市场通常是互相低价竞争的场所。

现在看来，中国茶业再度辉煌的途径就是走向世界，走向世界的途径就是参加和适应世界茶叶市场的博弈，参加博弈的途径就是打破三百多年来的农耕时代的观念和做法，把中国茶业纳入拍卖市场机制轨道，以茶叶拍卖市场的开放性和公平性使中国数以亿计的茶产业从业者自觉加入。只有经国际标准认可质量的产品才能进入该市场；只有进入该市场才能获得国际市场的信息；只有得到这里的现期货权威信息（主要为价格信息）才算进入国际流通领域（WTO将使国际农业一体化）；只有进入国际流通领域才可以享有市场物流条件，赚取过去不属于自己，甚至不属于中国的流通附加值（世界茶叶产地都在第三世界，其产地效益通常只有销地效益的3—5%，95%以上的效益来自流通领域）。

如果是这样，你可以看到的结果是：农民自觉提高质量、文化和市场竞争意识，根据市场的要求进行生产，同时把自己的产品交给市场去检验、去交易，解放了生产力，减轻了政府负担，同时随着收入增加（避免恶性竞争，增收流通效益）又促进生产。对WTO以后将出现国外农产品长驱直入，导致国内农产品竞争加剧的局面有备无患，并以此带动中国茶产业的科技进步，文化输出，信息、物流国际化等，形成茶产业化协同发展。更何况，这是别人已经蹚出的路，在不久的将来，中国的8000万茶业从业者走上这条路，争取到生产利益和流通利益的一致和最大化，将会把这条路走的更宽、更好。

中国茶叶作为一项外贸出口产品，创造的外汇收入仅为5亿多美元，相对于中国目前每年2万多亿美元的外贸出口总额，实在是微不足道的。但中国茶叶供老外们消费的仅是其中的1/3，有49万吨茶叶是咱们13亿中国人自己消费掉的。这49万吨茶，给中国的国内总产值增加了300亿元的统计数字，人均每年茶叶消费23.7元。其中茶叶的农业产值为100亿元，茶馆等商业产值100亿元，茶饮料工业产值100亿元。

第一个100亿是农民创造的。尽管在艺术作品里，采茶成了一种欢快甚至时尚的劳动，比如福建民歌《采茶扑蝶》，比如作曲家周大风上世纪50年代创作的《采茶舞曲》，比如湖南民歌《挑担茶叶上北京》，其曲子欢快跳跃焉，其调门飞扬嘹亮焉，表达出采茶劳动时的心情愉快焉，身心轻松焉；同样，美女照上的采茶姑娘一个个曲线美丽兮，穿红着绿兮，巧笑吟吟兮，对着镜头大摆pose；甚至传说龙井茶中极品是采茶姑娘用舌尖采摘，用丰满的胸脯捂干压扁的。所有这些都散发出一种诱人的浪漫气息，误导人们脱离现实。现实是8000万茶叶从业者中有80%是农民，农村通常以农户为单位，也就是6400万户；以平均每户3人计，这个数字就膨胀到1.9亿。用100亿去除6400万户，户均茶叶的农业收入才156.25元。茶叶通常以年可以采三季，春茶过后，一茬不如一茬。但不管什么茶，4-5斤青叶才能加工成1斤干茶。青叶不管是手工采的还是机器采的，干茶不管是手工炒的还是机器炒的，付出的劳动总是硬道理。当付出的劳动和得到的回报不成比例时，谁还会有灿烂的笑容，谁还会管质量的好坏。由此应验了马太效应的潜规律：越是贫穷，就越粗制滥造；越粗制滥造，就越造就贫穷。难怪中国的茶叶出口只能贱卖到1美元/公斤，而1公斤茶叶是一个劳动力一天的工作量。一句莎士比亚的台词经改编后对此很适用：贫穷啊，你的名字是茶叶（原句：脆弱啊，你的名字是女人）！中国生产绿茶有两个著名的"金三角"地区，一是新安江上游，一是武陵山区。新安江上游包括浙、皖、赣三省交界处的山区。武陵山区茶园面积是新安江上游金三角的5倍，包括湘西、鄂西、渝东、贵州铜仁等几十个县。中国茶叶经济版图告诉我们，产茶地区大多是老少边穷地区，销茶地区则往往是经济发达地区。

有一首汉乐府诗："昨夜入城市，归来泪满巾。遍身绫罗者，不是养蚕人。"从现代观点看，这位蚕花姑娘的泪是白流了。谁让你只生产原料，不参与制造、流通？不和市场一般见识，你的产品就没有附加值，怪谁呢？

中国茶叶的第二个100亿是上世纪90年代兴起的茶馆业创造的，属商业服务业。全国茶馆从业人员有三十多万人。年营业额100亿元。与茶农业、茶农相比，这三十多万人的日子好过到哪里去了——人均3.3万元。现代茶馆大部分集中在大城市里，仅上海就有茶馆三千多家，杭州、成都等传统茶叶消费旺盛的省会城市茶馆都在一千家上下。当然，在大城市里开茶馆，一要吸引消费者的眼球，二要吸引消费者的味蕾，三要吸引消费者的荷包，是一宗文化商业生意。开茶馆大概是文化含量最高的商业活动，所以现代茶馆老板大多为下海文人。而要开好一家茶馆，还需要不断地投资下去。首先要对自己投资，提高智力，提高修养；其次投资营造茶文化氛围，在茶馆里摆放一些请名家精心设计或收集来的仿旧仿古家什摆设，件件耗资不菲；还要投资招聘一批容貌气质俱佳的美眉，加以调教培训后，既能撑门面，又养顾客法眼，还可兼当茶艺师。当然，付出的费用就不可与农民同日而语了；更要紧的投资是茶馆的市

◆ 齐白石赠送毛泽东主席的《茶具梅花图》

口，就像上海老城隍庙的湖心亭茶楼，独一份，各国领袖都去光顾，其租金价格直冲霄汉。这样的成本投入让茶馆老板们也个个如履薄冰，一到发薪日、交费日、交租日、交税日或还贷日，两眼就发绿、发愣、发直、发黑。往日操笔的手恨不得操刀砍人。大有大的难处，在这方面，当个茶农就显得比较自在了，因为地里长出来的茶叶不会骗你，该多少就是多少。而来茶馆的顾客可都是挑三拣四，喜新厌旧的主，决不和你海誓山盟，该多该少可就由不得你了。纵观茶馆业内博弈风云，开张关张，转手转行，潮起潮落乃稀松平常之事也。

第三个100亿是国内几家饮料生产巨头创造的，从业人数更少。比如娃哈哈茶饮料年销量30多万吨，占中国饮料十强企业产销量的93%，其他的饮料巨头也开始后来居上，如养生堂、统一、康师傅等，实力谁都不比谁弱。茶水，茶水，原来做水，现在做茶水似乎顺理成章，但此茶水非家里、茶馆店里泡出来的那茶水，而是饮料生产流水线上灌装出来的饮料茶水。光茶水可能不值什么钱，一瓶茶饮料比一碗大碗茶贵不了多少。但市面上从来没看到哪家茶商投入巨资广告，倒是茶饮料巨头财大气粗，成了广告公司的衣食父母。同样做茶，派头大不相同。茶饮料的博弈战场首先是在销售网络，其次是在广告、包装，再次是在颜色、口味。其极适合于牛饮、跑街、野驴一族，因为其随时随地可以买到，买到后随时随地可以喝掉，喝掉后随时随地可以扔掉，扔掉后随时随地可以再买。说实在比正儿八经坐下喝茶直接便捷得多。所以深蒙当今社会怕烦（繁）的年轻人青睐。

茶饮料的盛行始于本世纪初。世纪之交的人们都或多或少患有世纪病，脑子压力大了，见什么都晕。所以当你碰到小男小女生对你说晕的时候，千万不要以为他犯有高血压或糖尿病，他是烦你呢。针对他们的头晕病，茶饮料脱颖而出，从反传统方向把茶理解透，做到位：与热茶相对的就是冷茶，与清茶相对的就是甜茶、花茶，与茶杯相对的是塑料瓶，拿古代茶圣或现代老茶人做广告变成美女、明星茶饮料广告，与茶文化相对的是商业化。正如异性相吸，与传统茶习相对的另一面浮出水面后，立马受到看见老东东就喊晕的世纪病患者、生活快节奏者、速食主义者、图方便者的追捧，不仅闲来一杯茶、客来一杯茶、泡茶馆的习俗逐渐淡出生活，连超市里琳琅满目的碳酸饮料也有朝一日被茶饮料挤出市场。与上面两个100亿相比，这个100亿现在还有超额利润的空间，随着博弈群的n次增大，这个空间里将很快会超员，达到你有我有全都有的均衡。到那时候，新的博弈战又将寻找新的阵地重新开战。

三个100亿代表着农工商三个产业，还有医药、食品、保健品等诸多产业也加入进来，其产业的核心只有一个，那就是茶。诸多产业之间也在互相进行利益制衡的博弈，非等到均衡而不会停息。就像生命在于运动，中国茶将在无数回合的博弈运动中丰富起来，壮大起来，最后东方不败，撑起世界茶业，全世界几十亿喝茶人的一片天。